2021 年凯里学院艺术硕士（设计领域）专业学位硕士点建设经费资助出版

手绘效果图表现

邓炜煜　编

吉林人民出版社

图书在版编目 (CIP) 数据

手绘效果图表现 / 邓炜煜编 . -- 长春 : 吉林人民出版社 , 2022.7
ISBN 978-7-206-19355-2

Ⅰ . ①手… Ⅱ . ①邓… Ⅲ . ①建筑画 – 绘画技法
Ⅳ . ① TU204.11

中国版本图书馆 CIP 数据核字 (2022) 第 142764 号

手绘效果图表现
SHOUHUI XIAOGUO TU BIAOXIAN

编　　者：邓炜煜
责任编辑：王　丹　　　　封面设计：袁丽静
吉林人民出版社出版 发行（长春市人民大街 7548 号） 邮政编码：130022
印　　刷：石家庄汇展印刷有限公司
开　　本：787mm × 1092mm　　1/16
印　　张：7.25　　　　字　　数：130 千字
标准书号：ISBN 978-7-206-19355-2
版　　次：2022 年 7 月第 1 版　　　　印　　次：2022 年 7 月第 1 次印刷
定　　价：68.00 元

前　言
PREFACE

手绘效果图表现能够启迪学生的智慧，能够让学生在设计学习中通过手绘来构思设计，表现设计方案，同时修正设计方案。许多著名的设计师都具有强大的手绘表现能力，能够在工作中以手绘的方式表现自己的设计作品，以及解决设计实践中遇到的问题。在当代，随着计算机以及人工智能的普及，通过键盘以及绘图笔就可以绘制图像，这给手绘这种传统的表现方式带来了挑战。从事过设计工作的人，能够感受到手绘在设计工作中带来的便捷，尤其它易于修改，易于表现的属性让人难以割舍。在手绘过程中，体会过铅笔、纸张、马克笔之间那种快速、无意识、夸张、写意、激情的表现在纸面出现的效果对设计工作有很大的启迪作用，从这一层面看，手绘在现代设计工作中依然是不可取代的。本书以强化环境设计专业学生创新以及提高学生手绘表现能力为主，同时加入贵州黔东南地域传统民居建筑文化，旨在引导学生在手绘过程中观察、体会、重构新的设计语言，形成对传统人居文化的新理解。

目　录
CONTENTS

第一章　概述

视觉作为人类特有的感知系统，在人类艺术史中扮演着重要角色，古希腊哲学家柏拉图对绘画定义的理解是场景的再现。这种功能学的定义直到后现代主义时期才被后现代艺术家杜尚打破。到了近代，虽然绘画艺术品的形式与内涵、范式发生了巨大变化，但手绘依然有着重要的信息沟通、场景再现的作用。

一、手绘艺术的边界

手绘艺术有两个定义：其一，按照字面意思，手绘艺术是指用手绘制的绘画艺术品及其创作过程；其二，手绘艺术是指应用于建筑设计、服装设计、平面设计、插画设计、工业设计等行业的创作，或者以素材整理与收集为目的的创作活动。

如果从功能性来阐释手绘的内涵与边界，那么在印刷术发明之前，所有的绘画都可称之为手绘艺术，包括版画、丝网印刷都是对手绘作品的再转印与重现。不论欧洲西斯廷教堂宏大的壁画还是中国汉代的漆画、元明清时期的文人绘画，都可以称为手绘。意大利文艺复兴晚期画家，样式主义代表人物保罗·委罗内塞在 1563 年创作了代表作《加纳的婚礼》，这幅作品现藏于卢浮宫内，是卢浮宫现藏最大的绘画作品，面积为 70 多平方米，共有 130 多个人物，其可称为广义的手绘作品。

在当代，手绘的概念主要区别于计算机绘画创作。计算机绘图具有很好的成像效果，手绘则是设计开始阶段的特有表现形式与创作过程。如果从现代设计范畴来讲，手绘有另外一层意思，它主要针对的是与现代电脑绘画相区别的形式，即以颜料、绘画工具、媒介为元素，以肢体为绘制手段，绘制图式与绘画。其主要应用在建筑设计、环境设计、视觉传达设计、插画创作、工业设计、产品设计中。

二、手绘艺术的类型

在很长一段时间，受科学条件限制，很多广告设计都是手工绘制的，譬如早期的海报、包装容器的标签等。在当时，只有通过手绘，才能够设计成作品。

在当代设计生产中，各种喷绘、打印、计算机辅助设计软件都可以准确、轻松地完成大多数需要的设计效果。人们只要输入相应的参数，轻松利用计算机工具，就可以准确绘制出想要的图像。

那么，这是否意味着手绘艺术的生命就此结束？我们发现，著名的设计师依然采用传统的手绘作为设计第一步的创作来源。

如果从设计项目完成的程序来考察，我们会发现设计的第一步是先要确定整体的创意思路和需求，对其定位，紧接着设计项目要求具有初始化的形象，要求设计项目、物体、图像初步可视化，做到了这一点，设计工作者才能够对这种初步的“设计胚胎”的形象予以评估和定位。所以，在设计方案的初步设计中，手绘草图所起的作用是初步评价设计概念。

（一）手绘效果图的快速性

手绘在这一阶段最大的特征就是速度快，可以同步将设计者头脑中的设计概念表现在纸面上，这种新鲜的感知对于设计而言是非常重要的。在初步的草图起稿绘制中，作者对设计意图强烈的感情与感知会转印到纸面。在这种情形之下，作者所绘制的图式是富有情感、激情，同时包含诸多因素的，这一图式能够在较短的时间内表现出作者的设计意图，对检验设计效果有很大的帮助。

（二）手绘效果图的启发性

在手绘效果图中，作者的绘制富含激情，所以纸面呈现出来的图像具有夸张、抽象的意味。这些因素表现在绘画中会使表现出来的物体和绘画者大脑中的物象有所差别，但这种差别往往能够启发设计者在深入设计的过程中对之前的设计方案进行修改。在一定程度上说，手绘因各种原因引起的不准确和夸张感对设计本体意识有巨大帮助。基于这些差异性的存在，我们可以认为手绘对设计思维与设计过程具有积极的作用。这种因夸张、抽象引起的差异在实际工作中往往能够启迪设计师完善设计方案。

（三）手绘效果图的时效性、沟通性

在设计工作者与对方沟通时，手绘可以将设计师即时的构思快速地呈现

给对方。在这一过程中，手绘草图起到了沟通与桥梁的作用。快速是手绘的特点，是工作中其他沟通形式所不能取代的，所以手绘草图也增加了设计过程的效率。

（四）手绘效果图的准确性

手绘效果图相对于电脑绘制的效果图，在“成像”层面可能缺少电脑制造的“成像准确性”，但在情感表达上能够准确传达设计者的想法、情感，尤其它对色彩、笔触、纸张呈现的肌理美感的表达是电脑制作的效果图所难以达到的。

准确性对设计作品的最后落地具有较大的指导作用。无论纸面形成的肌理、线条的力量感，还是作者情感的抒发，都是对设计项目的启发与指导，也是计算机绘图不容易达到的效果。

三、手绘作品在环境设计专业中的表现

在环境设计专业中，手绘表现是一门重要的课程，在设计实践活动中，手绘同样扮演着重要的角色。环境设计专业与其他设计学专业之间的区别在于环境设计的设计项目比较复杂，细节较多，牵扯到空间规划、外观设计、施工图纸等多个环节，在实践工作中需要协同工作，而手绘可以起到很好的沟通作用。

综合来看，在环境设计专业中，手绘效果图具有下列几个作用：

（一）规划平面图

在平面图的规划设计中，设计者常利用铅笔、彩色铅笔、马克笔作平面布局图的修改、论证，或者平面布局图的材料铺装示意功能。

（二）手绘立面图的绘制

手绘立面图可以规划设计立面的视觉效果，以及立面图中装饰材料的标识。

（三）手绘作品对设计项目的日光分析

在设计过程中，太阳的日照分析是重要的环节，因为设计师在项目设计中要考虑太阳光在一天中，或者一年中，不同时间段、不同季节中的具体情况。通过手绘平面图、立面图、三视图绘制太阳在不同点的位置可以明晰日照情况。

（四）手绘对设计案例中材料的表现

手绘作品可以很好地表现装饰材料的色彩与材质，而这种表现可以在手绘中不断推敲，一旦发现材质使用不够协调，表现力较弱，可以及时更换新材料，予以标识。

（五）空间架构的表现

手绘可以对设计的空间架构，空间秩序，各功能区、各空间的形式、尺寸予以标识。

四、手绘效果图的学习方法

设计工作者想要画好一张手绘效果图，必须掌握手绘的技法和表现的技巧。那么，如何快速掌握这些技巧呢？手绘和油画、素描、国画都属于绘画的范畴，都是需要长期摸索的，但科学的学习方法论有助于学生尽快掌握技法：

（一）临摹

临摹是较快掌握绘画技法的一种学习方式，分为“临”和“摹”两层意思。“临”是指体会原画的同时，仿照原画的艺术技法，重新画一遍；“摹”是指誊抄，或者用拷贝的方式重新画一遍。在临摹中，学生先观摩大量优秀的艺术作品，再动手拷贝，或者按照原画的绘画步骤进行绘制，如此便能深切地体会优秀作品的表达方式。久而久之，学生积累了绘画技法，自然就提高了自己的绘画表现能力。

很多优秀的绘画工作者都有过长期临摹别人优秀绘画作品的学习过程，

并且在其中受益匪浅。尤其是初学手绘的同学，通过临摹可以深切地感受优秀作品中线条的表现性、色彩的应用以及构图的技巧，学到很多知识。

（二）写生

写生是面对大自然、实物、静物等直接描绘或者创作绘画的形式。对学生而言，通过写生可以更好地观察自然，感受实物的魅力，从而更好地进行创作。写生学习应该从比较简单的物体写生开始，如画一个沙发、一把凳子，看起似乎很简单，但开始画了便会发现有一定的难度。这时，只要学生在学习中不断总结写生经验，便会有很大的进步。在掌握单体家具等比较简单的写生后，学生就可以学习绘制较为复杂的场景了，如绘制室内一个角落、景观园林的一部分、建筑的一个立面。

（三）默写

默写是手绘效果图的高级阶段，也是难度较高的学习阶段。默写之前，学生要大量临摹和写生，这两个绘画能力合格之后，才可以进入这一学习阶段。由于默写需要通过自己的记忆绘画，所以要求学生有一定的绘画表达能力和造型能力，做到了这一点，学生才可以提高自己的艺术表现能力。

第二章　手绘材料的介绍

绘画材料丰富多彩，对于初学者来说，认识绘画材料能够帮助其更好地画出理想的手绘效果图。常用的绘画材料主要指绘画纸类、布类、木板、石板、瓷板、器皿胚胎等；使用的绘制工具主要有毛笔、马克笔、铅笔、彩色铅笔、水溶性彩铅、炭笔、普通钢笔、美工钢笔、签字笔、针管笔等。

图 2-1　水彩纸

图 2-2　素描纸

恰当的绘画材料是画出优秀手绘效果图的关键，不同纸张出现的绘画效果截然不同。比如，马克笔专用纸张厚实、平整、易书宜画；水彩纸（图 2-1）张易于渗化，色彩表现斑斓多彩，透气绚丽；素描纸（图 2-2）粗糙有力，虚实生辉的效果是铅笔绘画的理想材料。所以，长期积累对绘画材料的认知与感受，了解绘画材料的属性，选择恰当的绘画材料，是创作出较好画面效果的关键一步。

一、纸张介绍

纸张是手绘艺术创作中重要的材料。掌握纸张的属性，让艺术效果得到更好的呈现，是艺术创作者需要长期探索的问题。

（一）打印纸

打印纸是较为廉价且常见的绘画材料，打印纸通常以 A0、A1、A2、A3、A4、B1、B2、A4、A5 等标记来表示纸张的幅面与规格。常见的打印纸以 A3、A4 居多。在定义纸张的厚度和质感方面，主要以纸张的克数为单位，具体来讲，就是定义 1 平方米该纸张重量为单位。在纸张材料不变的情况下，纸张越重，说明该纸张越厚实。常用的打印纸的重量多为 60 g、70 g、75 g、80 g、85 g、90 g、100 g、120 g 等等，而复印机用的是 70 ～ 85 g 的纸。

打印纸绘制手绘效果图具有表现效果好、画面整洁、色彩还原度高的优点；缺点是打印纸较为单薄，常常绘制完后纸张透明，画面质感较差。另外，用打印纸绘制的手绘作品常表现出绘画立体感较差、色彩渗入纸张内部有限、色彩还原感较弱、不够细腻等缺点。但是，打印纸作为手绘用纸还是非常方便的，只要有打印机、复印机的办公室、工作室，这种纸张都会存在。打印纸的便捷、经济实惠的特征是我们选择用它来画手绘效果图的理由之一。

（二）白卡纸

白卡纸（图 2–3）通常有光面白卡纸和相对粗糙的白卡纸，其 1 平方米的重量一般定量在 150 g 以上。白卡纸的特征是平滑、平整、整齐。其整洁的外观和良好的匀称度可用于马克笔表现。用马克笔在白卡纸上绘画，马克笔有力的笔触感与白卡纸坚实度相得益彰，能够较好地呈现画面效果，所以白卡纸很适合马克笔的表现。另外，用马克笔在白卡纸上画画还能得到较高的色彩纯度。

如果是非光面的白卡纸，色彩侵入度较好，还可以表现出色彩浓厚的晕染感。但是，白卡纸绘画也有弊端，主要体现为白卡纸主要用于商品包装，纸面的酸碱度不一定经过严格的把控，如果酸碱度失衡，容易让色彩在化学反应下出现偏差。

图 2-3　白卡纸

（三）水彩纸

水彩纸（图 2-4）由棉花纤维、纸浆、综合纸浆构成，是一种较厚、吸水性较强、能够表现色彩透明度的纸张。水彩纸的纤维比较粗糙，这种纤维具有一定的韧性和纹理，在绘画过程中，不容易起毛，能够接受水彩笔在上面多次涂刷。水彩纸按照纸面区分，可分为细纹水彩纸、中纹水彩纸和粗纹水彩纸，不同纹理的水彩纸表现效果不一样。

细纹水彩纸比较平滑，易于在纸面反复刻画细节。

中纹水彩纸适用性最强，对于大多数画面都适用，比较适合写意性质的绘画。

粗纹水彩纸（图 2-5）吸水性强，能够比较好地表现酣畅淋漓的色彩效果，能够呈现天空、大海等需要大面积晕染的绘画方式，缺点是纹理较粗，不方便刻画画面细节。

图 2-4 普通水彩纸

图 2-5 粗纹水彩纸

（四）马克笔专用纸

马克笔专用纸是一种专门用于马克笔绘制的纸张，也是近年才兴起的绘画材料。马克笔专用纸比较细腻，对色彩的表现比较到位，能够表现马克笔比较鲜艳的色彩，对色彩还原度较高，同时这种纸张比较厚实，具有一定的吸水性，能够将马克笔的水分吸收到纸张里面，达到画面厚实、平整的效果。

这种纸张对针管笔、签字笔绘制的线稿表现也是很不错的，能够表现线稿的流畅性、顺滑度（图 2–6、图 2–7）。

图 2–6　马克笔专用纸一

图 2–7　马克笔专用纸二

（五）素描纸

素描纸（图 2–8、图 2–9）是素描绘画中专用的纸张，素描纸纸张较厚、坚硬，能够对铅笔的笔灰有一定的吸收能力。素描纸是依据素描表现所制造的纸张，在一定的技法表现中也可以用于水彩绘画、手绘马克绘画。

图 2–8 平纹素描纸

图 2–9 粗纹素描纸

二、手绘用笔

手绘用笔主要有以下几种：

（一）毛笔

毛笔（图 2–10）是比较常见的绘画工具，具有易于罩染、易于勾线的属性。在绘画过程中，毛笔使用的技法性很强，需要在教师的指导下长期摸索，如此才能够较好地掌握使用技法。

图 2–10　　毛笔

（二）铅笔

铅笔（图 2–11）是手绘的重要工具，其是以黏土与石墨混合作为笔芯，由木材包裹的一种笔。铅笔依据出现的黑白效果以及笔芯的软和硬，一般分为 12B ～ 6H，12B 的铅笔的笔芯较为柔软，6H 的铅笔比较硬。铅笔是绘画初学者最重要的材料，也是设计工作中的草图阶段最常用到的绘画材料。它绘制的图形易于修改和再深入刻画，对不同黑白层次的渲染表现都很不错，是非常好的绘画工具。

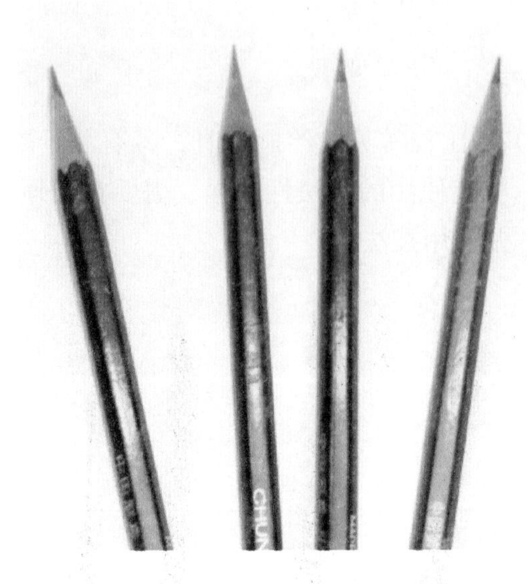

图 2-11 铅笔

（三）马克笔

马克笔（图 2-12）是手绘最常用到的绘画用具，它具有绘画速度快、使用便捷的特点，同时色彩饱满，可以表现丰富的色彩效果，多用于建筑效果图、室内设计、工业设计、服装设计、广告设计、漫画、插画中。

马克笔一般有两端，一端较粗，可以平涂物体的色彩、光影等，表现出材质的光滑、整齐、力度等；另外一端较细，能够刻画物体的细节。

从马克笔选用的媒介溶液来讲，有水质马克笔、酒精马克笔、油性马克笔三种。水质马克笔价格低廉、宜书宜画，是使用马克笔初学阶段较好的选择。酒精性马克笔溶解颜料的属性较好，绘画后画面干得较快，这来源于酒精易于挥发的属性，使用起来比水性马克笔要好，是广大学生使用频率要高的手绘工具。油性马克笔稳定性较好，色彩细腻，表现力较强，是非常不错的画材，但价格相对较高。

马克笔的使用具有较强的技术性，所以学生在使用中应在教师的指导下长期练习，如此才能够做到得心应手。

（a）

（b）

图 2-12　200 色马克笔

三、尺规的应用

尺规也是手绘中常用的工具，利用尺规，可以精准地刻画我们想要的线条、角度。尺规包括直尺与圆规、曲线尺、比例尺、量角器等作图器材，具体如图所示（图 2-13 ～图 2-15）。

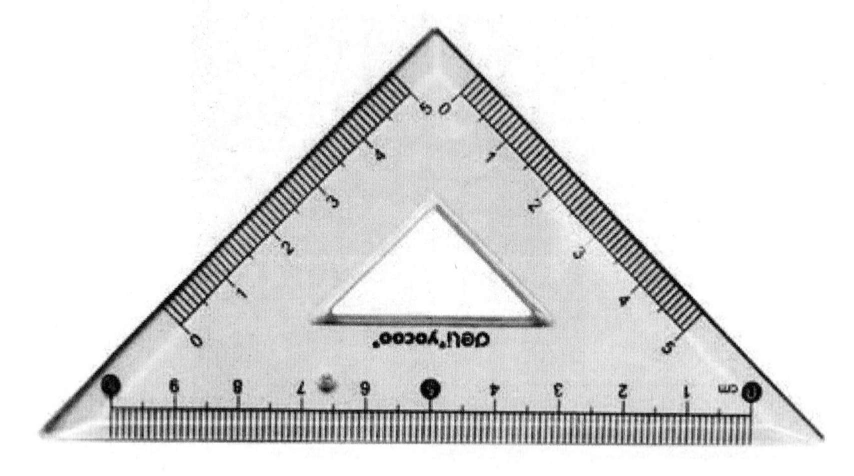

图 2-13　等腰直角三角形

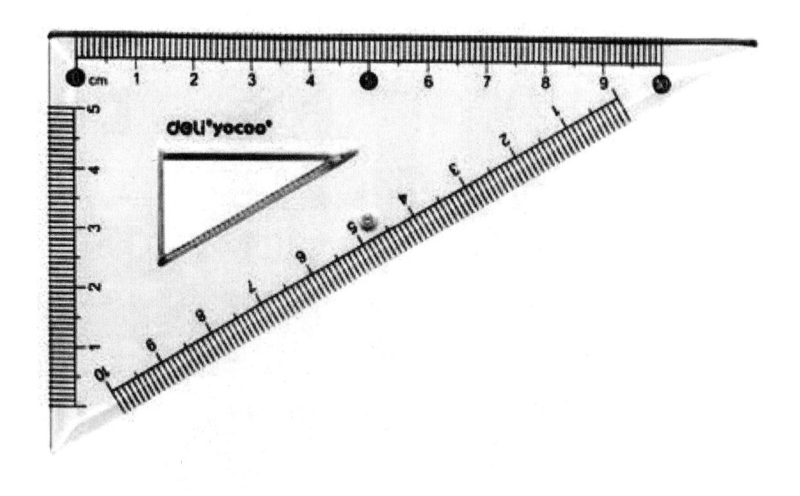

图 2-14　直角三角形

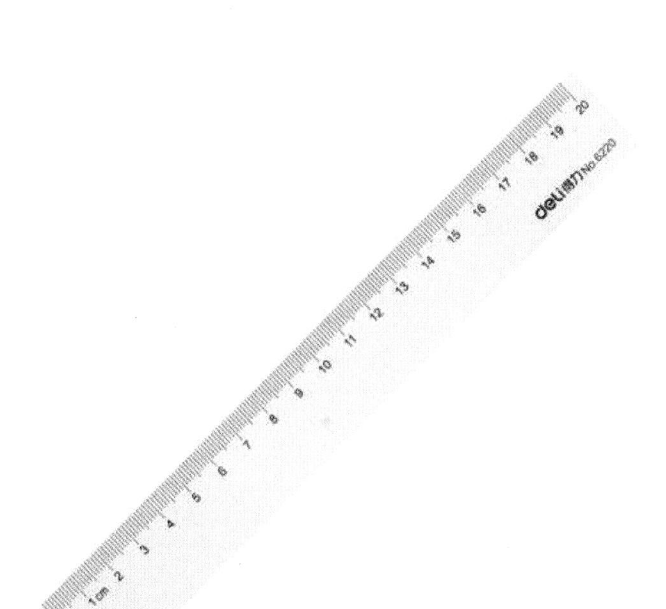

图 2-15　直尺

绘画材料是绘画表现的重要要素之一，是艺术表达的载体，如何在手绘工作中选择适合自己艺术表现的绘画材料是至关重要的，只有长期的绘画实践，才能更好地体验绘画材料的属性，才能更好地应用这些材料。

中国的艺术创作非常注重心手合一的追求，认为艺术品的创作是审美心境的表达与表现技法能力的和谐的共同结果，这种认知同样离不开画家对绘画材料的准确掌握。

第三章　透视

透视是设计学学科中的一门传统课程，是环境设计专业必须学习的一门课，也是学习手绘所必须掌握的一个知识点。利用透视画图，具有严谨、科学、场景还原感强等特点。学习透视，不仅能指导我们学习绘图，还能指导我们认知事物。

只有掌握好透视学的相关知识，才能在手绘过程中做到得心应手。那么，透视到底是什么？透视就是在现实生活中，随着我们离物体的远近变化，在我们的视觉中感受到的近大远小变化的视觉现象和成镜状态。

手绘中出现的透视可以分为一点透视、二点透视、三点透视、散点透视。以下主要选取一点透视、二点透视进行分析。

一、一点透视

所谓一点透视，就是所有物体都有一个共同消失点的画面，就是一点透视。

（1）依据纸张的尺寸以及房屋的结构，先按室内的实际比例尺寸确定 *A*、*B*、*C*、*D*（图 3-1）。

（2）确定视高 *HL*，一般设在 1.5 ～ 1.7 m 外，按照比例绘制。

（3）在适合的距离确定灭点 *VP* 及量点 *M* 点（根据画面的构图任意定）。

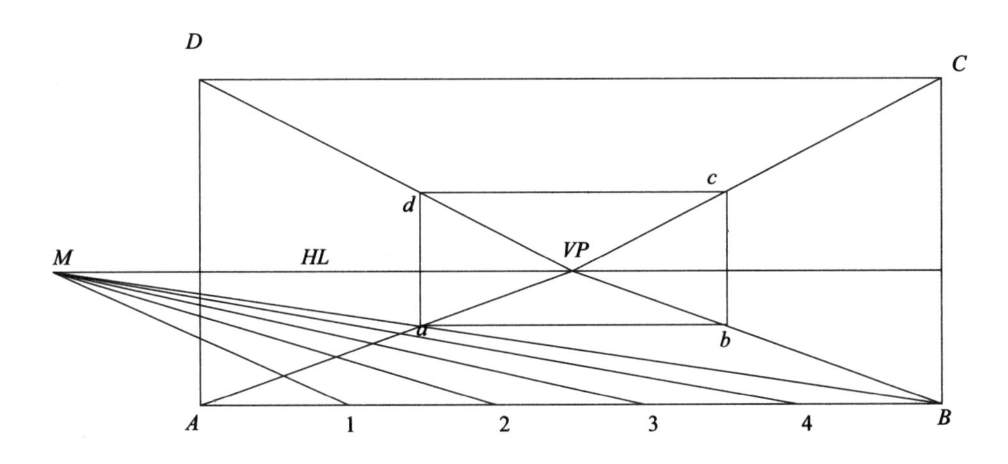

图 3-1　一点透视绘制步骤一

（4）从 *M* 点引到线段 *AB* 的尺寸格的连线，在线段 *AB* 上的交点为进深点，分别为 1、2、3、4，作垂线找到墙面的透视线（图 3-2）。

（5）利用 VP 分别连接 A、B、C、D 四点，以及 AD 之间的 1、2、3、4 四个点。

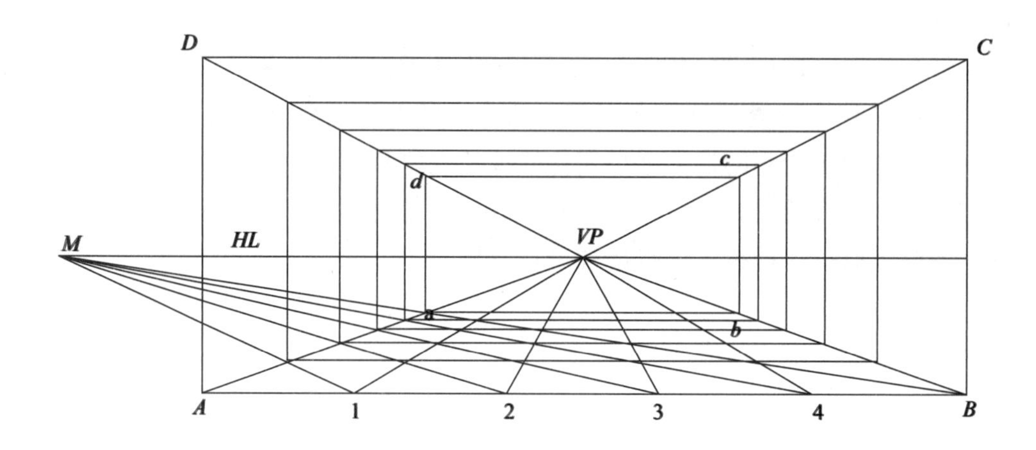

图 3-2 一点透视绘制步骤二

（6）根据平行法的原理求出透视方格，并在此基础上求出室内透视（图 3-3、图 3-4）。

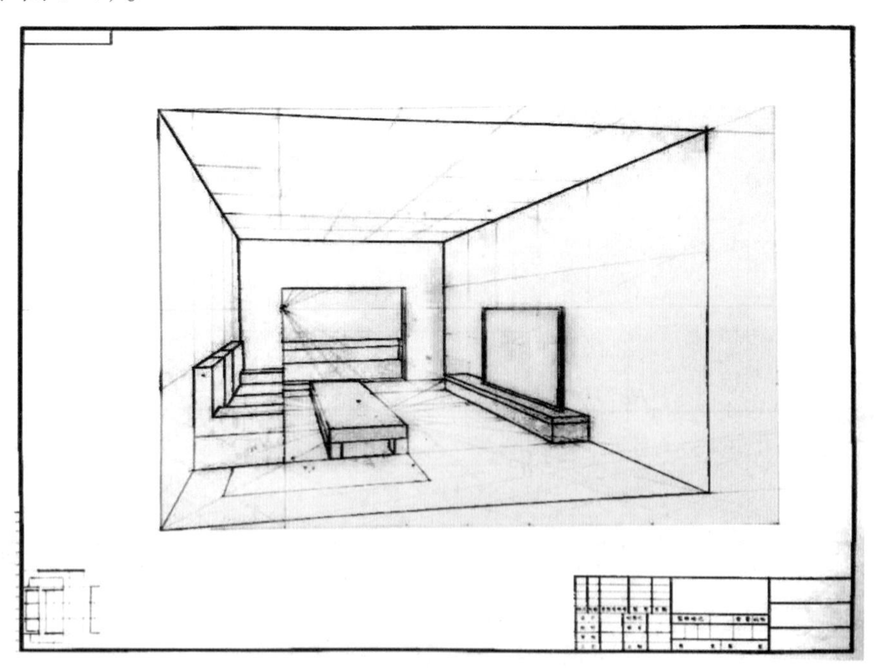

图 3-3 一点透视绘制（陈日喜）

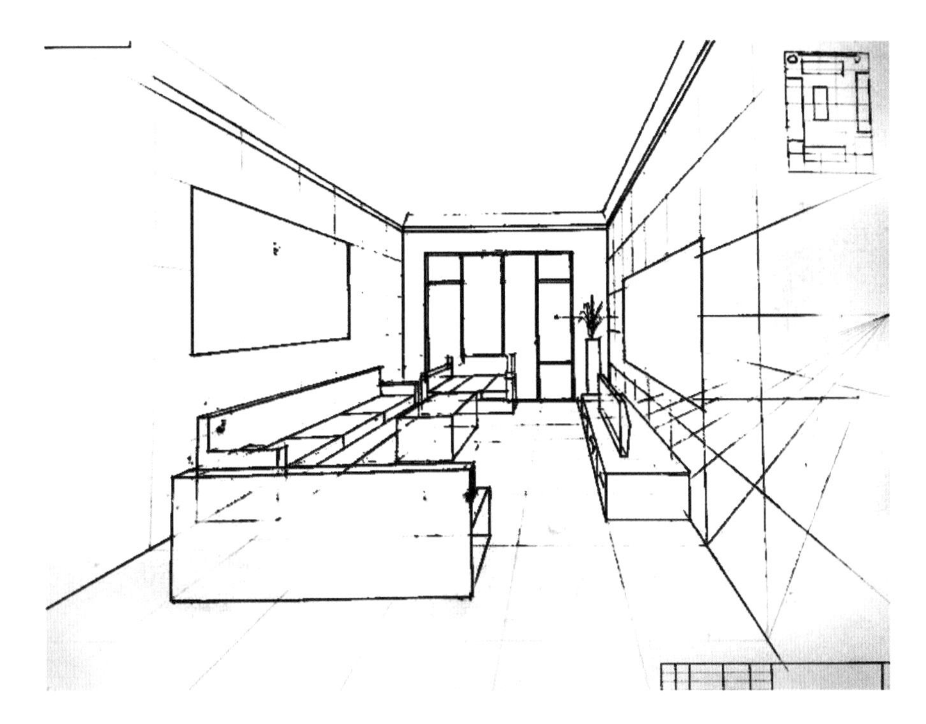

图 3-4　一点透视绘制（郭珲）

二、二点透视

（1）依据纸张尺寸、构图，确定线段 *AB* 为量高线（图 3-5）。

（2）在 *AB* 之间，按照比例，确定视平线条 *HL*, 过地脚点 *B*, 画一条直线，记作 *GL*。

（3）在线条 HL 上确定灭点 V_1、V_2 为墙边线，V_1、V_2 两个墙角线要离线段 *AB* 稍微远一点。

（4）以 V_1、V_2 为直径画半圆，在半圆上任意一点确定视点 *E*。（视点为眼睛的位置）。

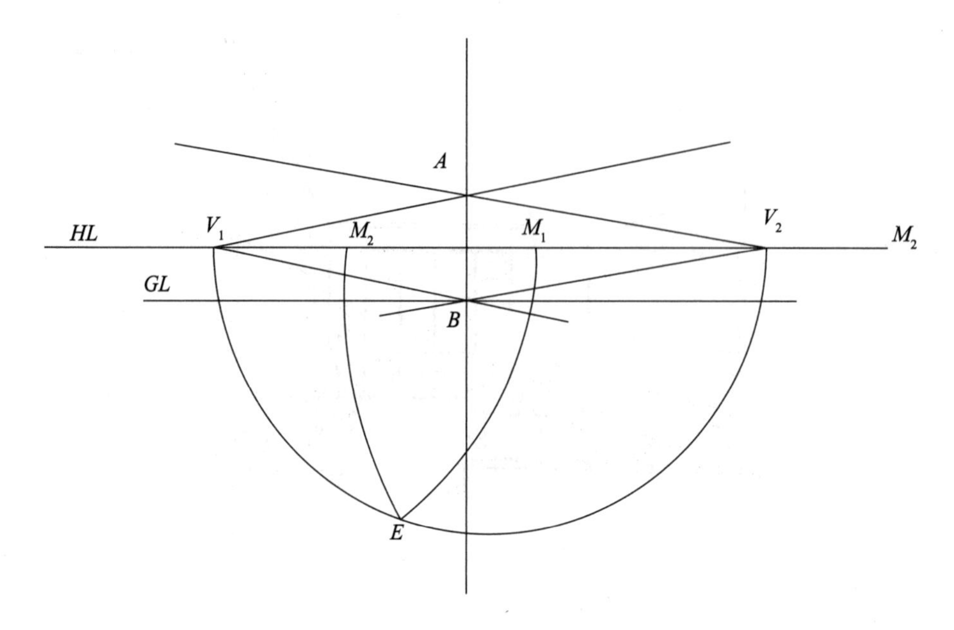

图 3-5　二点透视绘制步骤一

（5）根据视点 E，分别以 V_1、V_2 为圆心画出两个圆，求出 M_1、M_2 两个量点（图 3-5）。

（6）在 GL 上，根据线段 AB 的实际尺寸等分画出等距尺寸。

（7）M_1、M_2 分别与等分点连接各点，画出地面、墙柱等分点。

（8）各等分点分别与灭点 V_1、灭点 V_2 连接，求出透视图（图 3-6、图 3-7）。

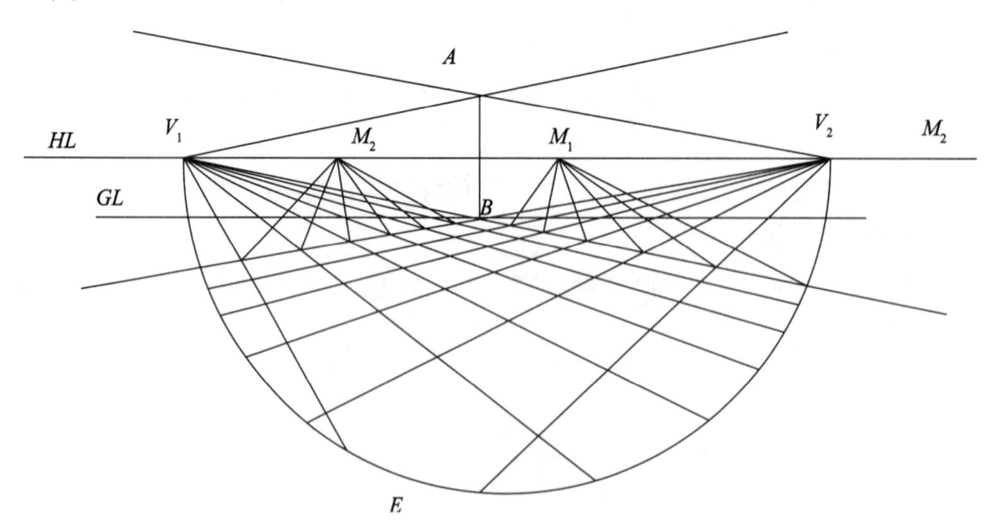

图 3-6　二点透视绘制步骤二

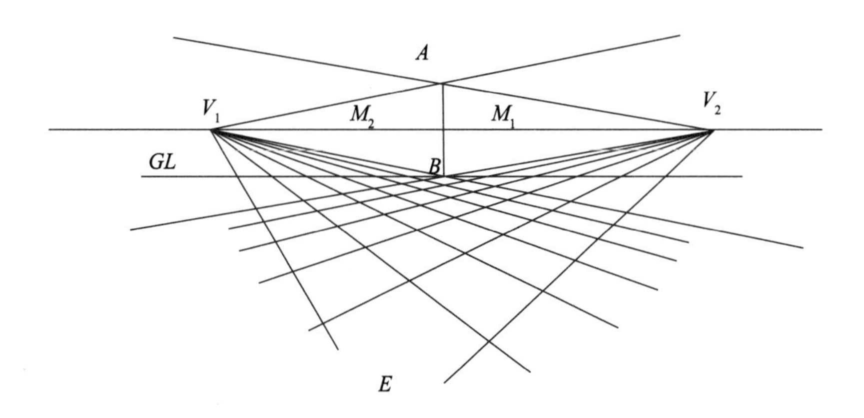

图 3-7　二点透视绘制步骤三

（9）依据实际需要，画出床、床头柜的轮廓（图 3-8）。

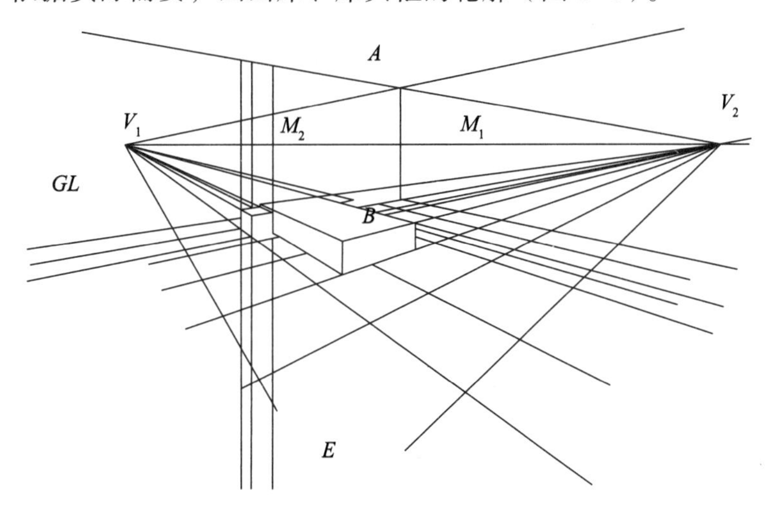

图 3-8　二点透视绘制步骤四

依据上面两点透视的原理，可以画出如下：一点透视线描稿（图 3-9 ～图 3-11）、二点透视线描稿（图 3-12）。

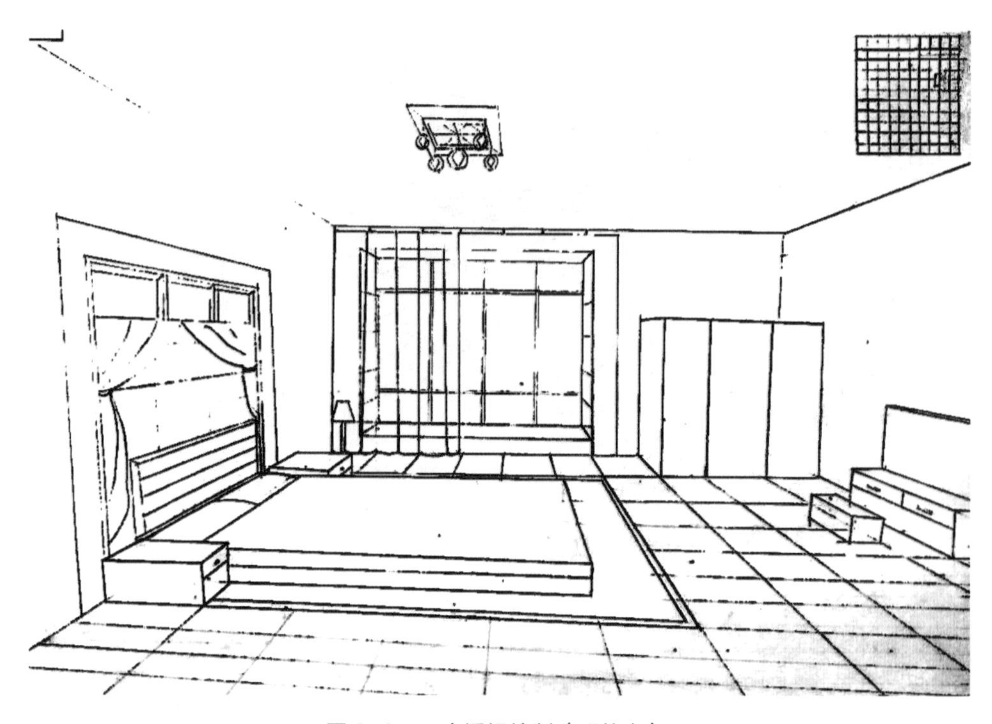

图 3-9　一点透视绘制（邓佳宇）

图 3-10　一点透视绘制（龙发平）

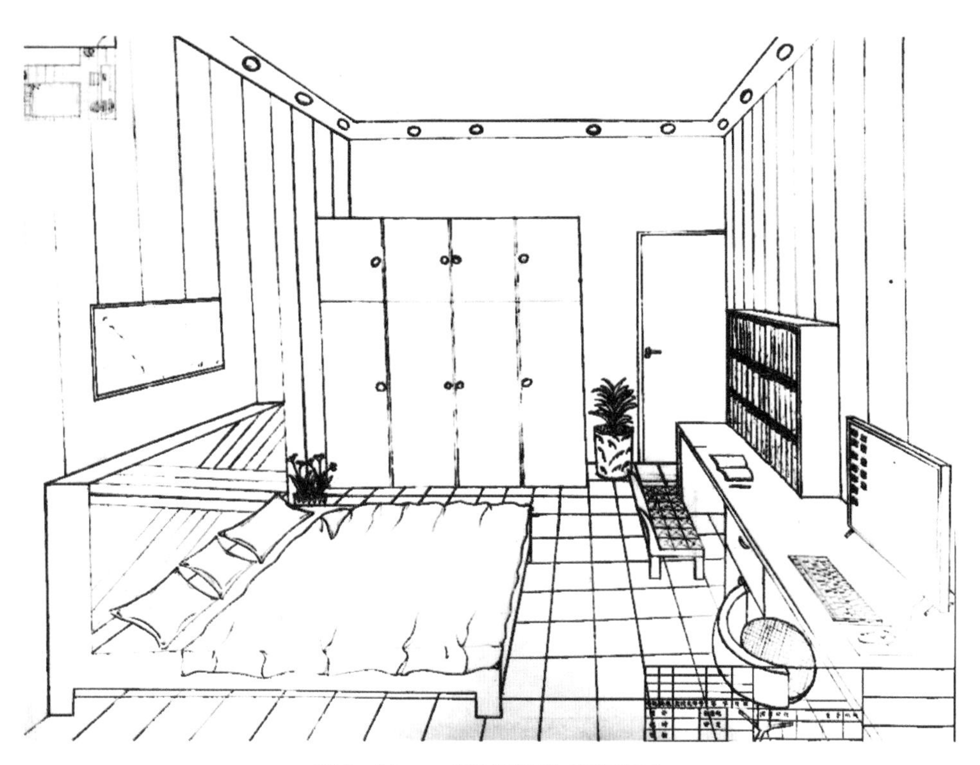

图 3-11　一点透视绘制（程丽君）

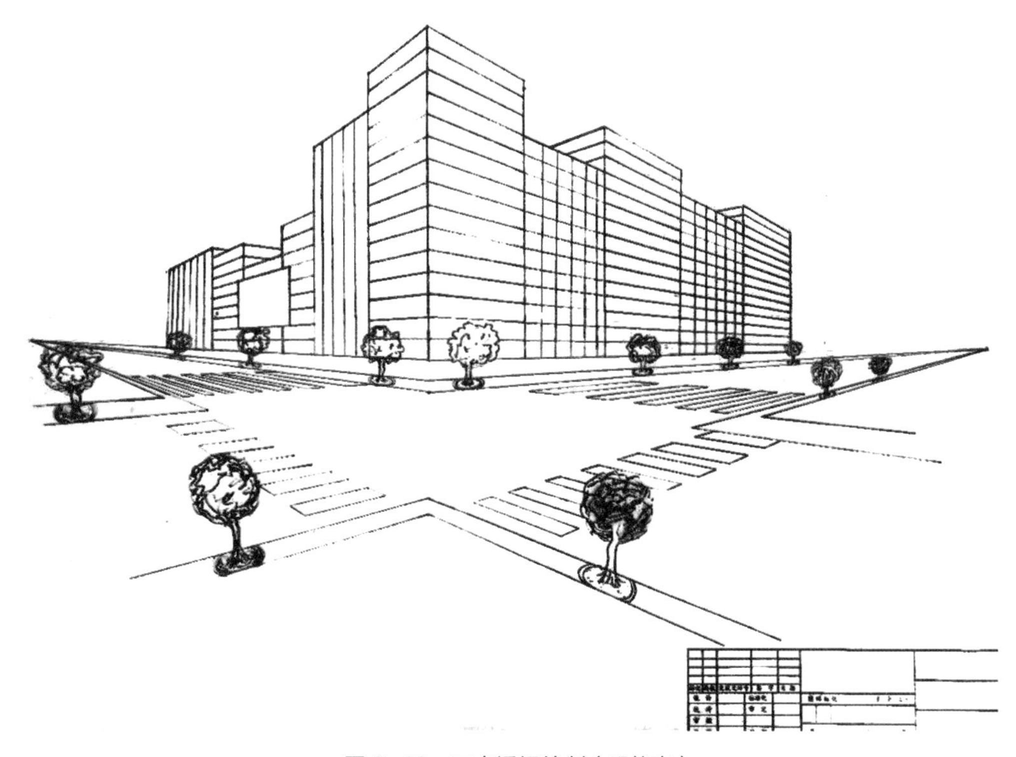

图 3-12　二点透视绘制（邓佳宇）

第四章　单体家具设计中的效果图绘制

第一节　单体家具的画法

在室内效果图手绘中，单体家具的表现是一个重要的知识点。很多同学还不懂得单体家具绘画技法，就开始绘制室内效果图，结果往往不尽如人意。

在单体家具手绘学习中，将单体家具手绘作为一个重要项目去练习，待掌握家具基本画法后再画室内效果图，循序渐进，这样才能获得更好的学习效果。

单体家具的表现，首先要遵循透视的视觉原则。任何家具放置在三维空间中都会发生透视变化，所以绘制家具单体时要注意透视的表现性效果。其次要在手绘中表现家具的材料。比如，布艺家具的柔和、钢制家具的结实、木制家具的亲和感等。另外，还要注意家具自身的艺术特色，要在手绘中表现家具自身的艺术魅力。

一般而言，手绘工作都要先在纸面绘制线描稿。单体家具的绘制（图4-1）作为手绘效果图中重要的练习环节，同样需要从线描稿开始绘制。只有掌握了单体家具的线稿绘制技法，才能更好地掌握家具绘制的表现。

图 4-1 单体家具描绘

绘制家具线描稿（图 4-2 ～图 4-21）具体有下列要求：

（1）单体家具要有准确的透视表现。单体家具的透视要符合室内环境的透视，符合画面中物体前后穿插关系。

（2）单体家具的绘制符合一定的尺度比例，要融入画面中。

（3）单体家具的线描稿绘制要求线条美，长短线结合，线条之间的穿插关系正确、形象。

（4）单体家具的绘制要求线条能够表现出家具的材质美。

（5）单体家具的绘制要充分利用光影效果、色彩冷暖变化、虚实变化，表现出画面体积感。

（6）单体家具的绘制要求表现出画面的氛围感，要体现家具设计风格以及艺术感染力。

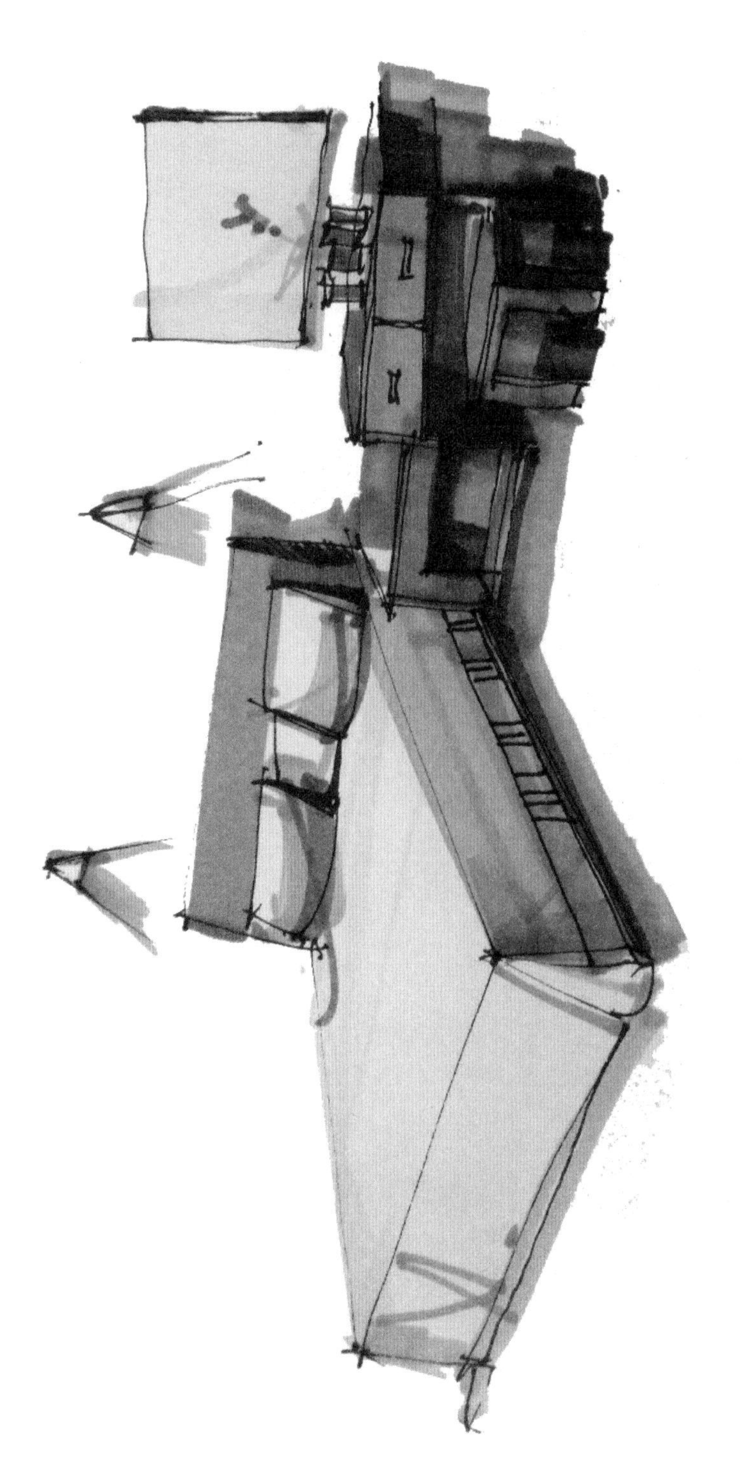

图 4-2 家具与床练习

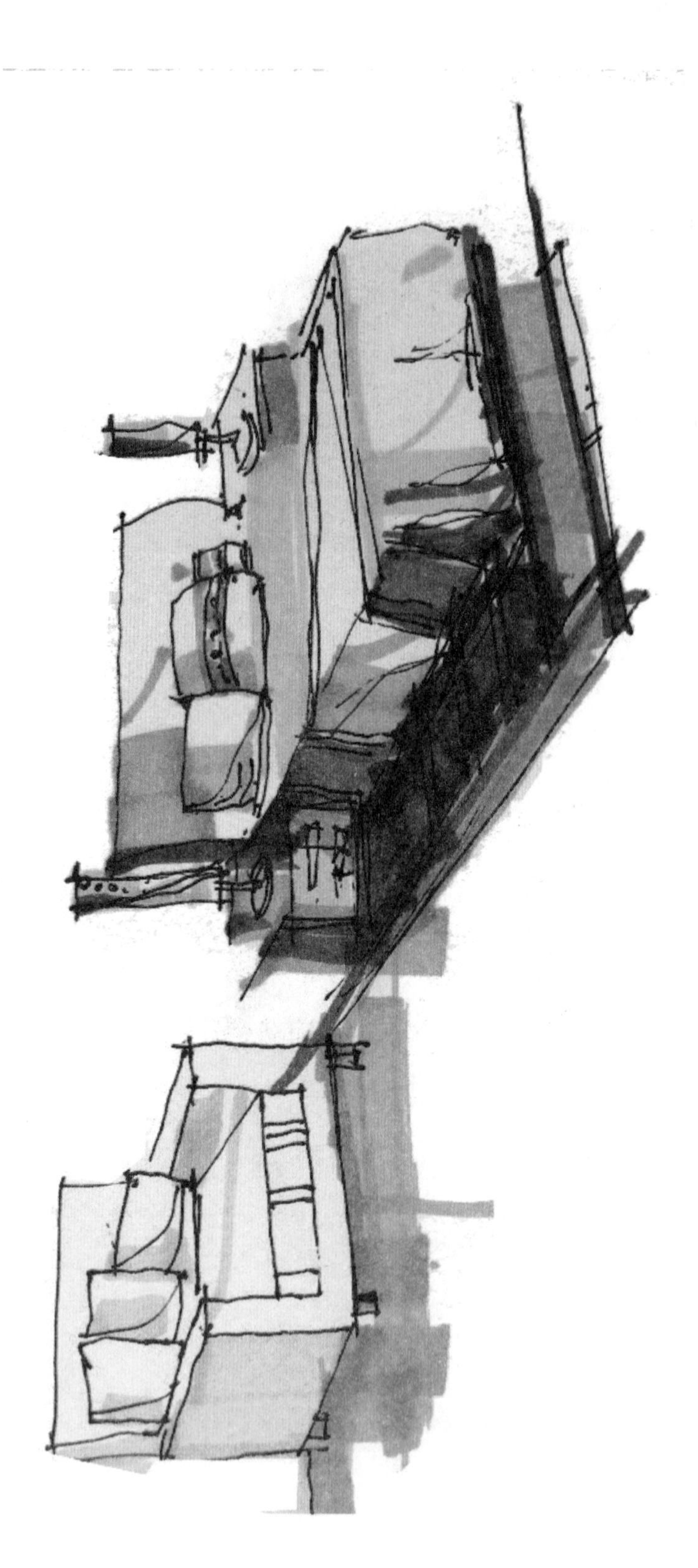

图 4-3 家具与沙发练习

图 4-4　床的绘制

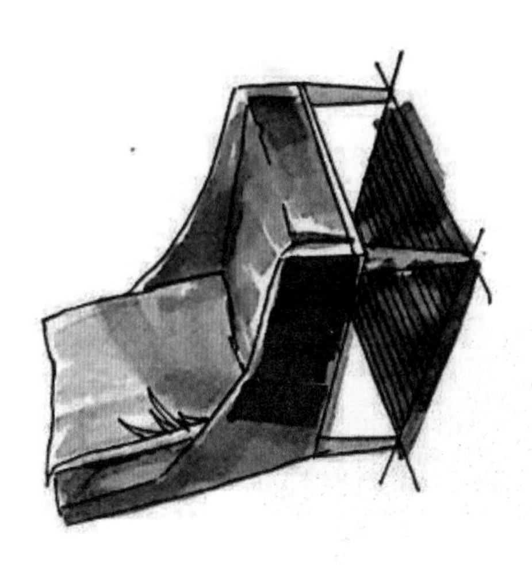
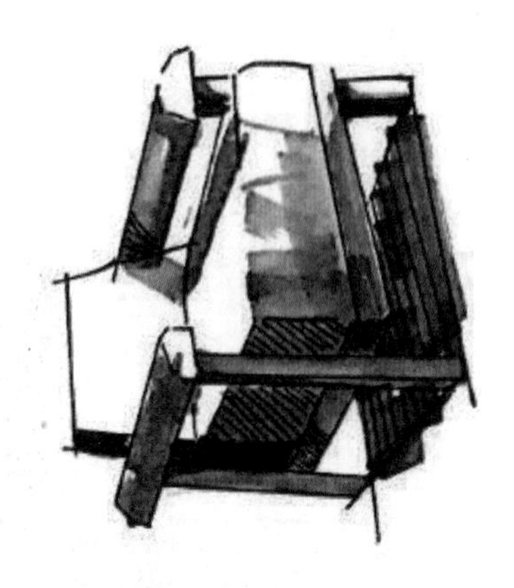

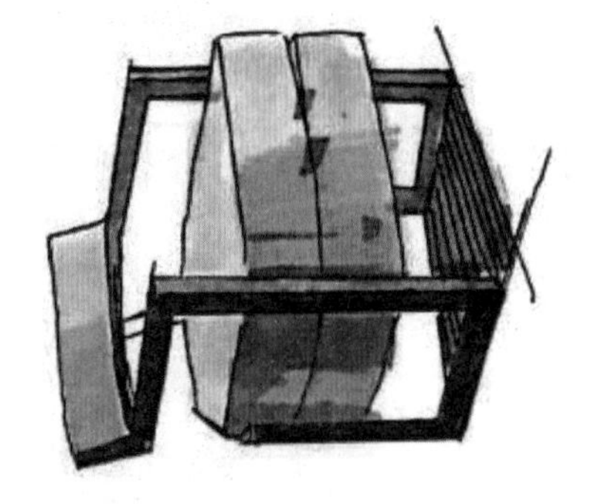
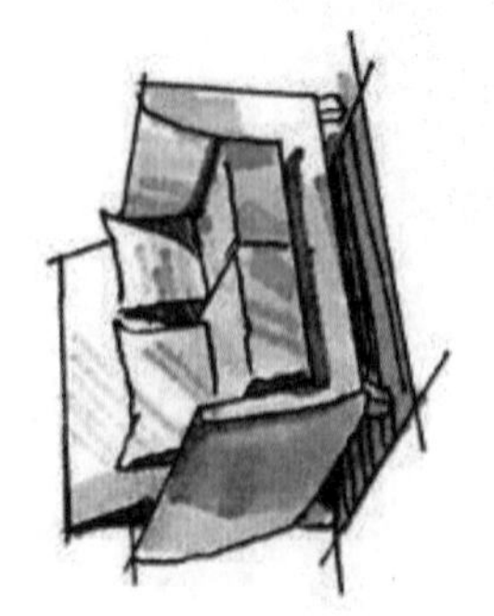
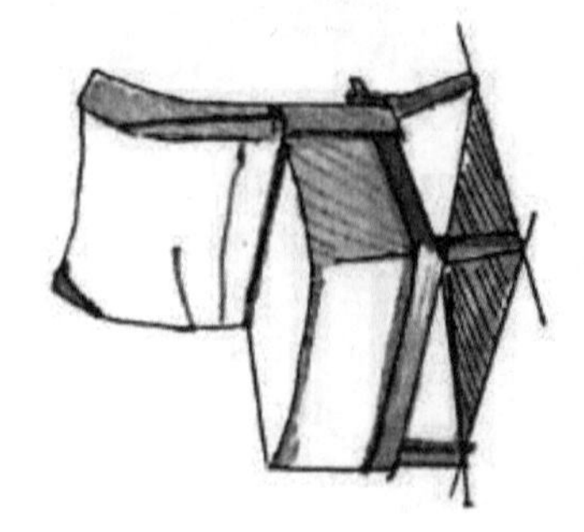

图 4-5 家具绘制练习（邓维维）

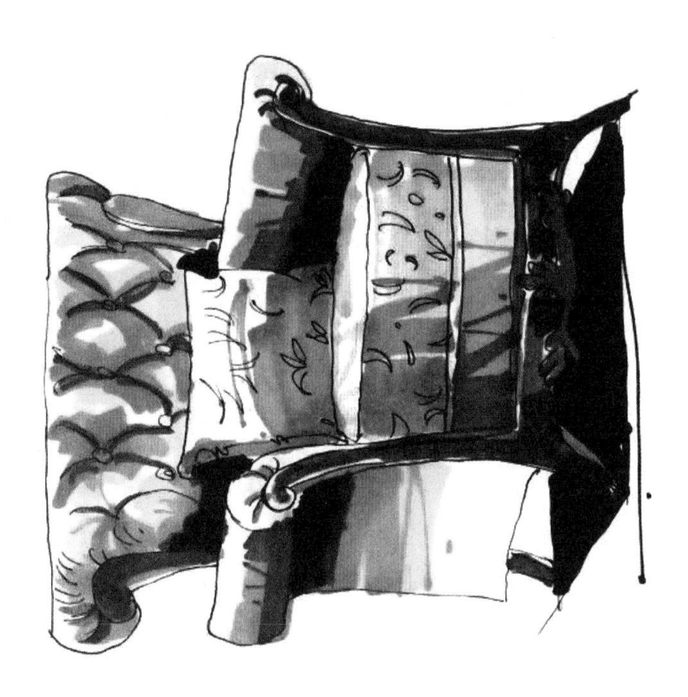

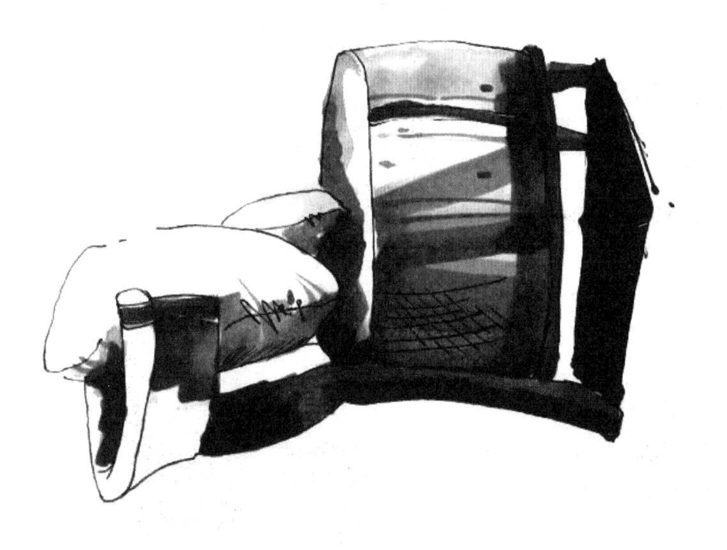

图 4-6　学生临摹作品（梁红连）

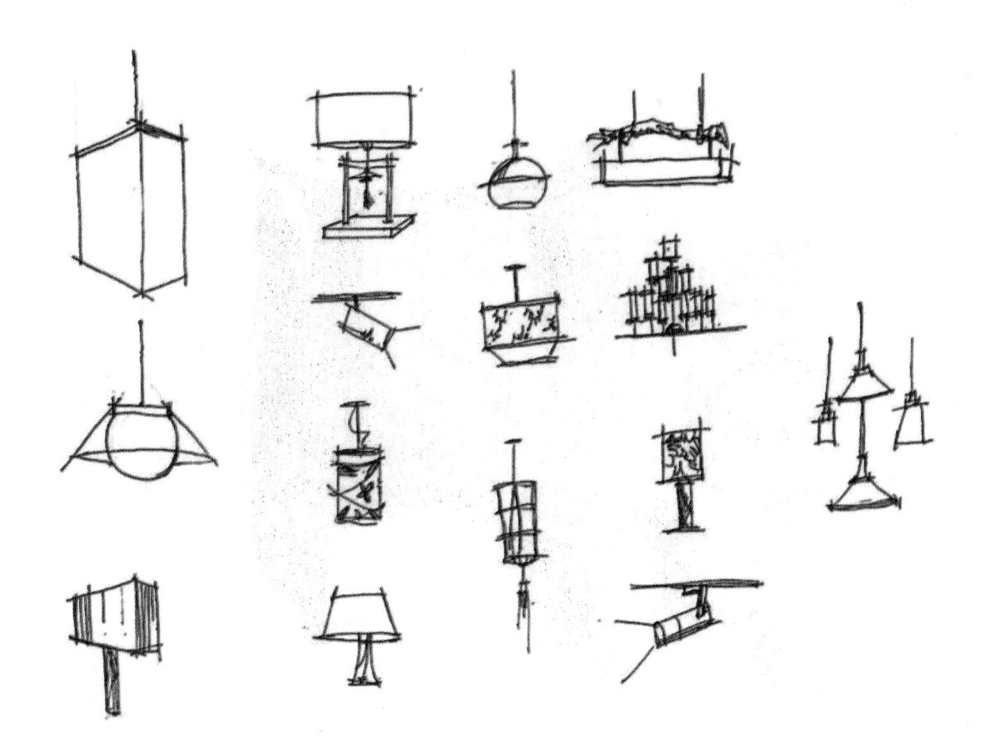

图 4-7 灯饰刻画（梁红连）

图 4-8 学生作业一（潘雪英）

图 4-9　学生作业二（潘雪英）

图 4-10　学生作业三（潘苗苗）

图 4-11　学生作业四（宋利平）

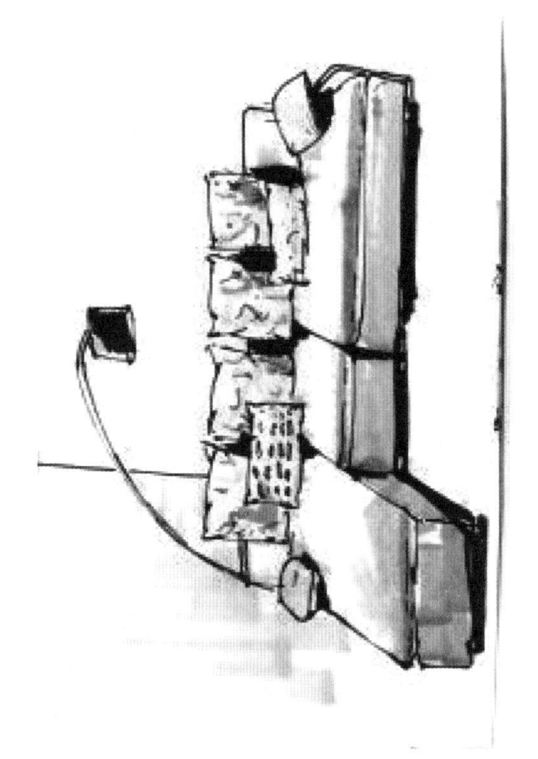

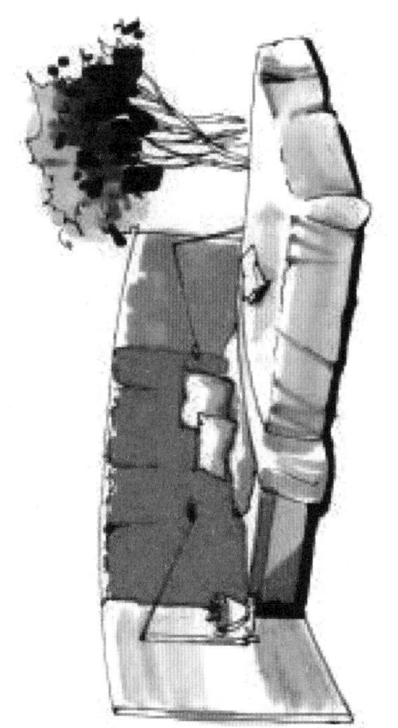

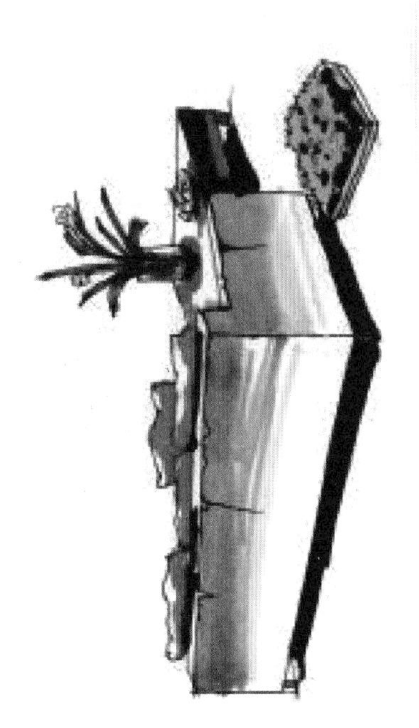

图 4-12　学生作业五（龙小玲）

图 4-13 学生作业六（王贵云）

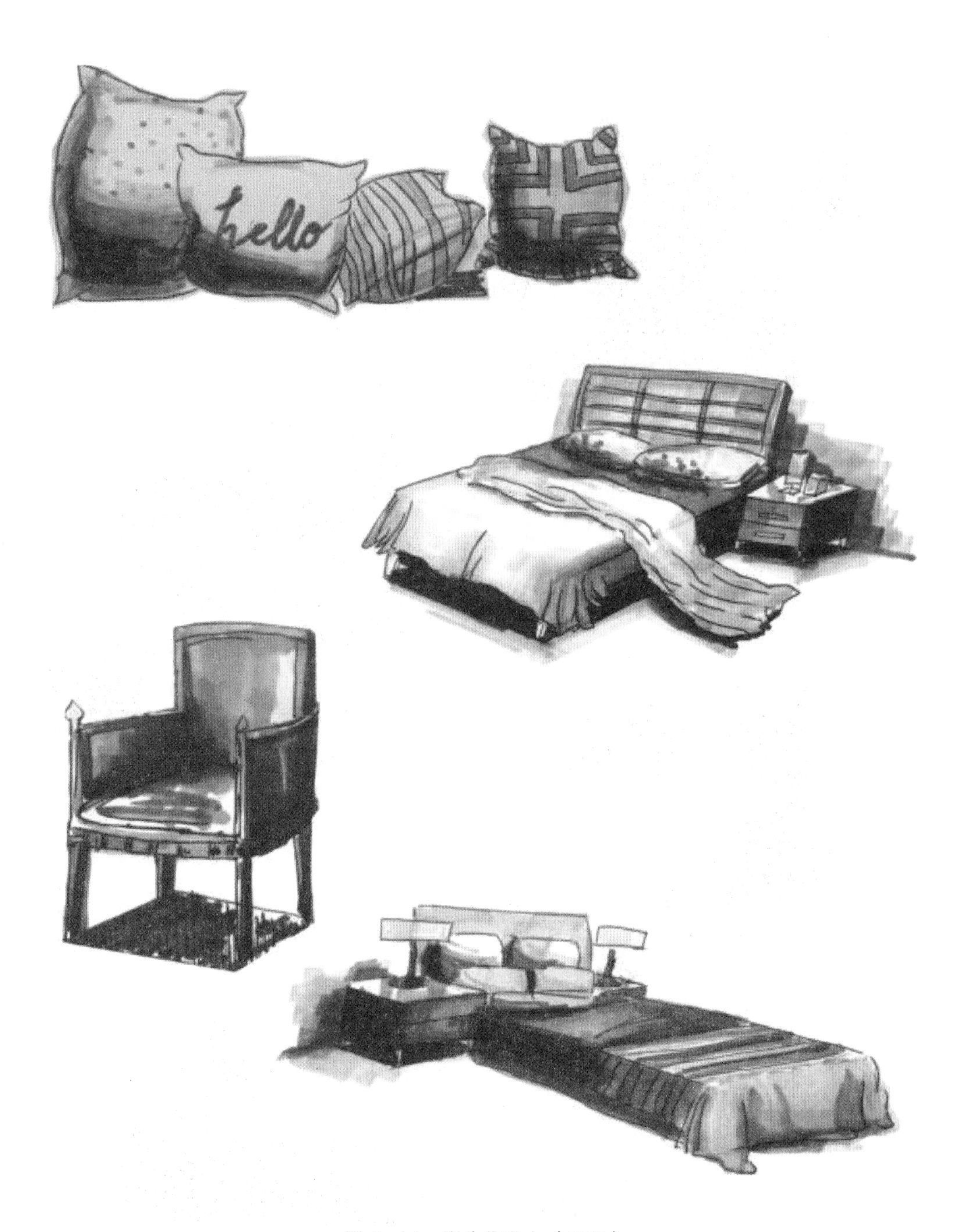

图 4-14　学生作业七（王贤）

图 4-15 学生作业八（宋利平）

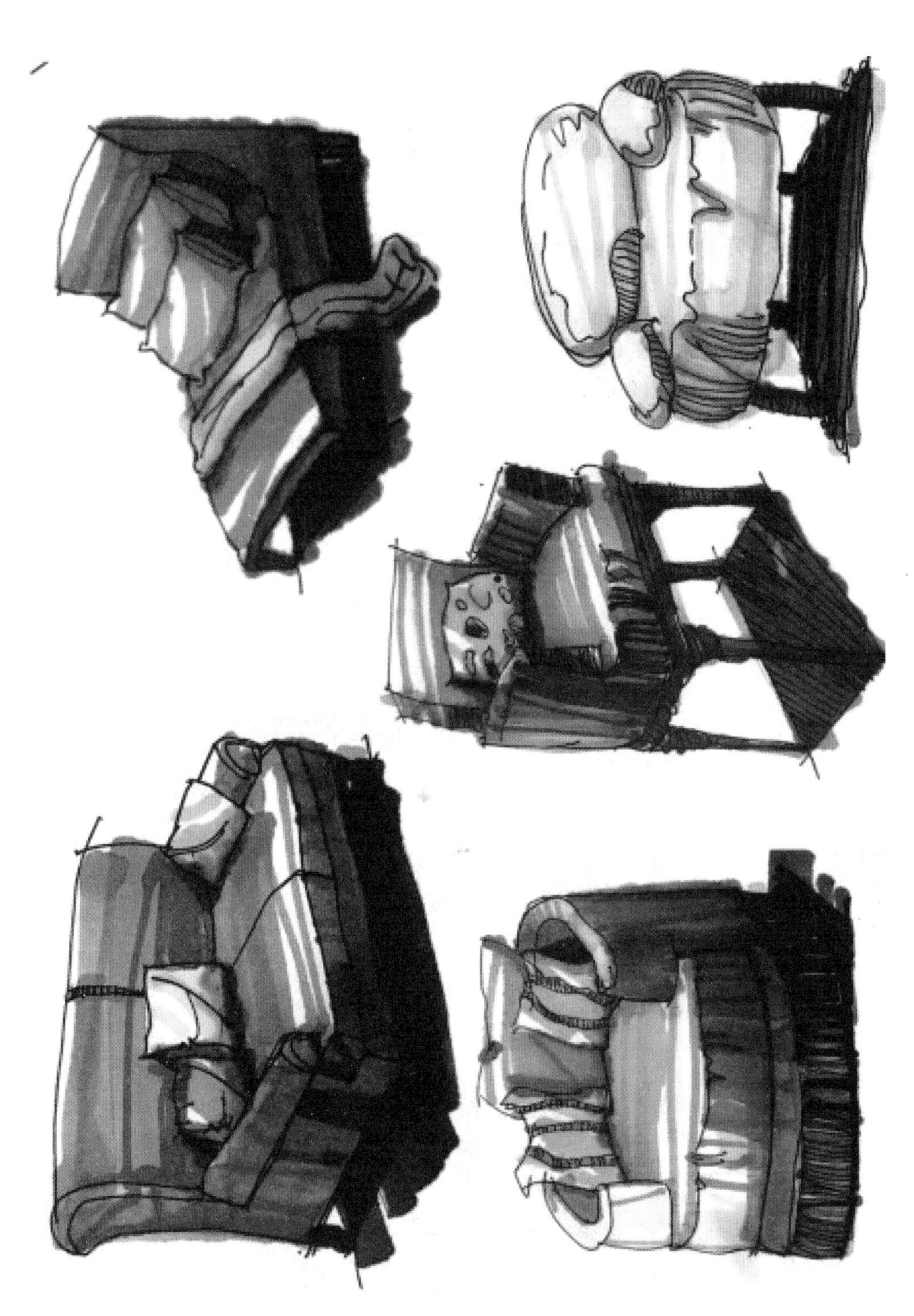

图 4-16　学生作业九（陈丽丽）

图 4-17　学生作业十（龙文）

图 4-18　学生作业十一（潘雪英）

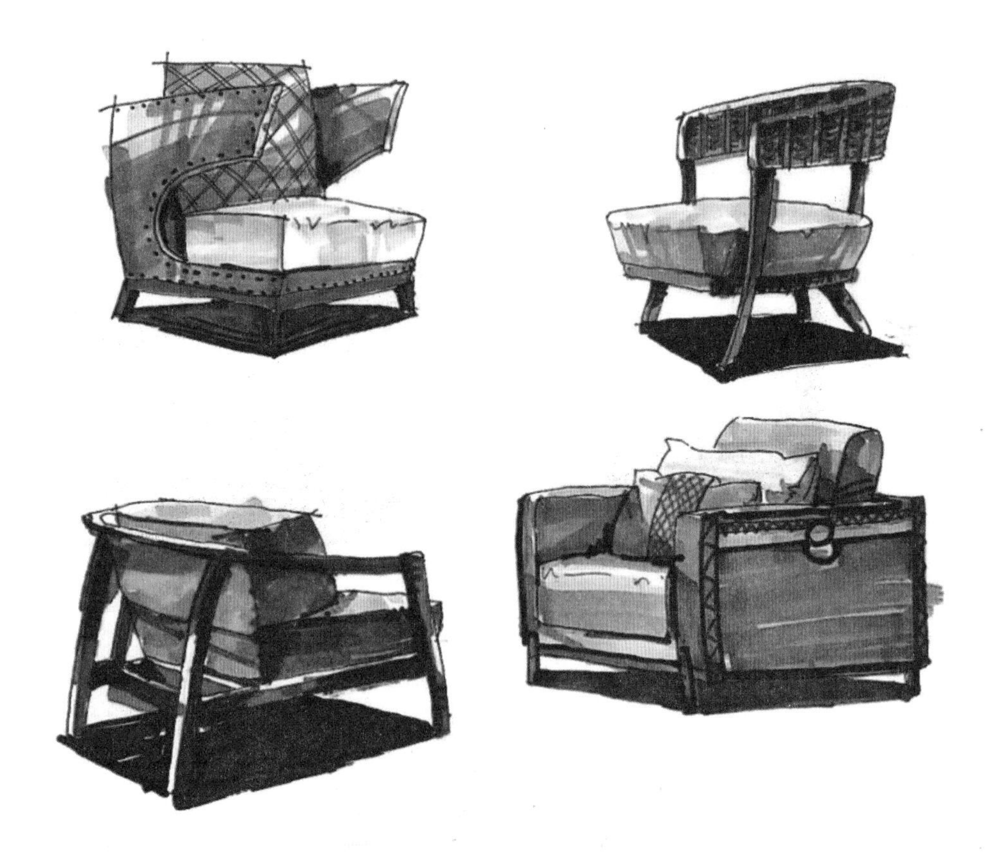

图 4-19　学生作业十二（潘雪英）

图 4-20　学生作业十三（潘雪英）

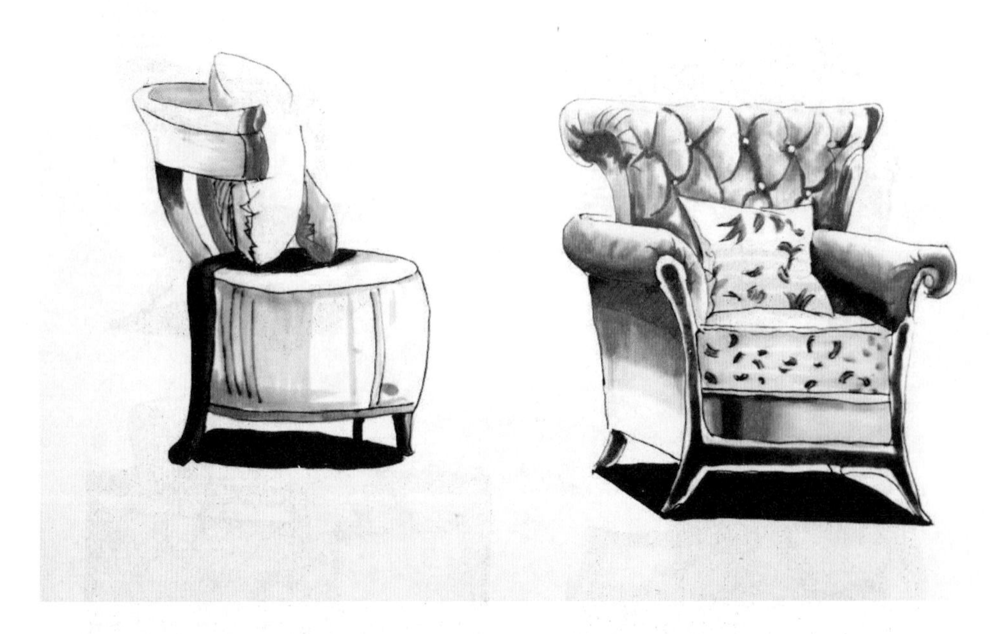

图 4-21 学生作业十四（冯鑫丽）

第二节 单体家具设计中手绘效果图表现

在单体家具设计中，效果图表现是非常重要的一个环节。在设计师构思单体家具造型、推敲单体家具形态的时候，需要以效果图为蓝本进行修改。可以说，效果图的绘制伴随着单体家具设计的每一个步骤。

一、家具设计中手绘效果图的绘制要点

（一）说明性

手绘效果图在绘制过程中必须要有一定的尺寸说明性。家具设计的过程

始终伴随着人体工程学。家具的各部件都要有尺度的约束，如此才能更好地注解草图。同时，家具手绘效果图表现要形象，绘制要符合家具预设的材质、色彩、肌理等。

（二）快速性

家具设计的手绘效果图要具有一定的速度性、准确性。

二、手绘表现案例

下面以部分家具设计案例为例，观摩设计方案，体会手绘技法。

（一）山水椅

本手绘案例依据山水的形态，将椅子的靠背设计为山体的形态，在椅子的坐垫下方设计了传统的竖向支撑隔条。然后依据家具尺寸，在效果图上标识，设计出了实物椅子。这是一个不错的设计方案（图 4–22 ～图 4–25）。

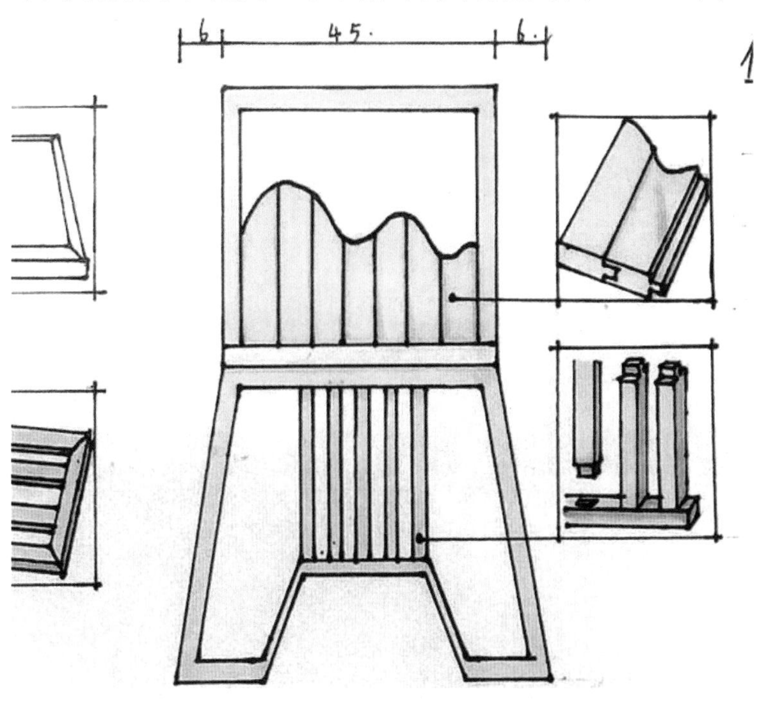

图 4–22　手绘尺寸图（龙丽）

图 4-23　立面效果图（龙丽）

图 4-24　立面实物图（龙丽）

图 4-25　实物侧面图（龙丽）

（二）猫椅

在本案例中，设计者将中国传统儿童玩具七巧板的美学应用到了家具设计中，绘制出了基于七巧板的美学家具“猫椅”。“猫椅”的手绘具有详细的尺寸，符合基本的人体工程学，是一件不错的家具设计案例（图 4-26 ～图 4-29）。

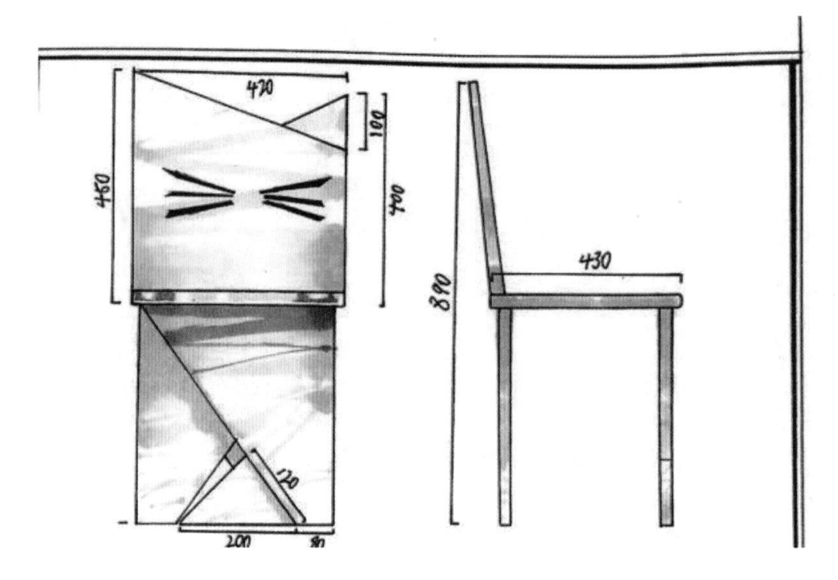

图 4-26　侧立面图（廖蓉蓉）

图 4-27　立面图（廖蓉蓉）

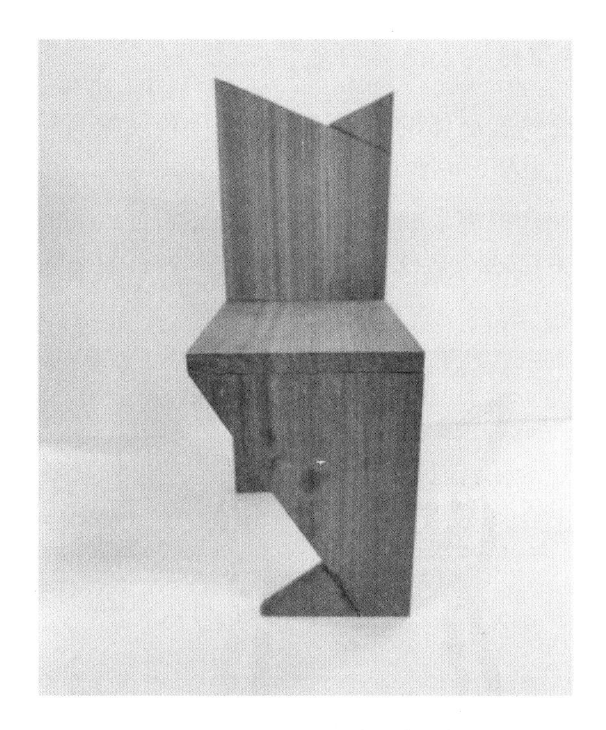

图 4-28　实物图一（廖蓉蓉）

图 4-29　实物图二（廖蓉蓉）

（三）新中式螃蟹椅

此案例依据动物螃蟹肢体的体态，融入中国传统家具设计样式，设计出了活灵活现、可爱有趣的“螃蟹椅”。

在设计中，先准确把握了螃蟹的动态与静态特征，同时吸收了中国传统圈椅、太师椅的艺术风格，最终设计出了别具一格，具有现代设计魅力的中式家具（图 4–30 ～图 4–33）。

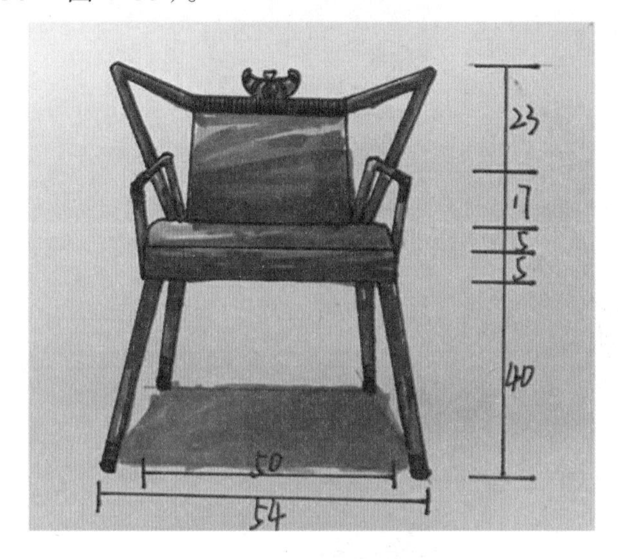

图 4–30 效果图（龙佳）

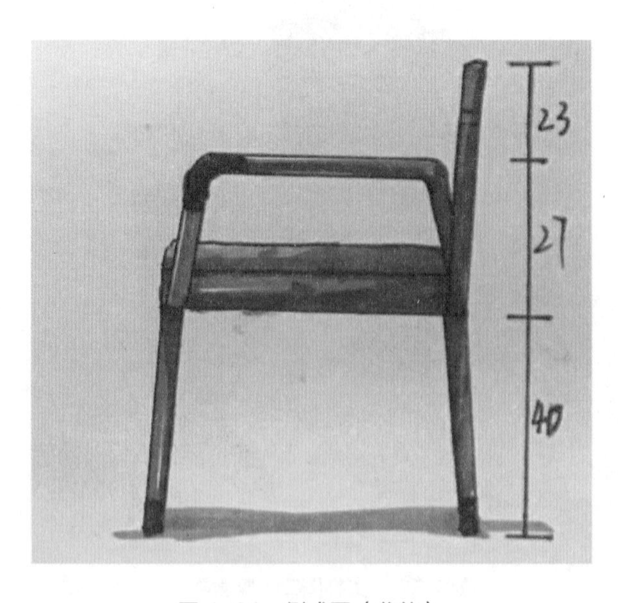

图 4–31 侧式图（龙佳）

图 4-32　实物图一（龙佳）

图 4-33　实物图二（龙佳）

（四）新中式圈椅

本案例结合中式圈椅的设计美学，利用现代设计美学原理，绘制出了一个符合现代审美的中式圈椅造型，并据此用不锈钢制作出完美的家具形态（图4-34 ～图 4-37）。

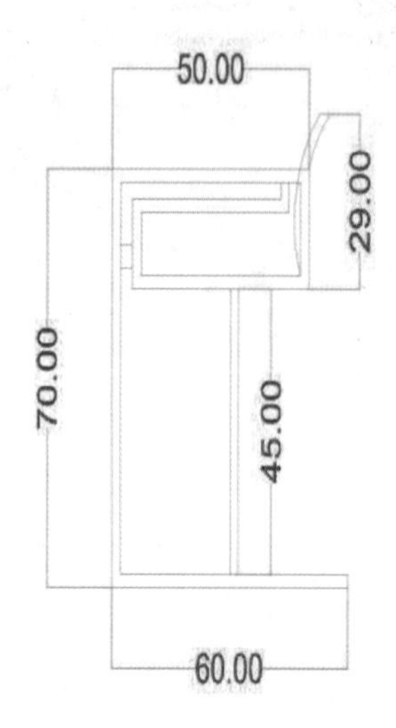

图 4-34　立面图（陆柳姣）

图 4-35　效果图（陆柳姣）

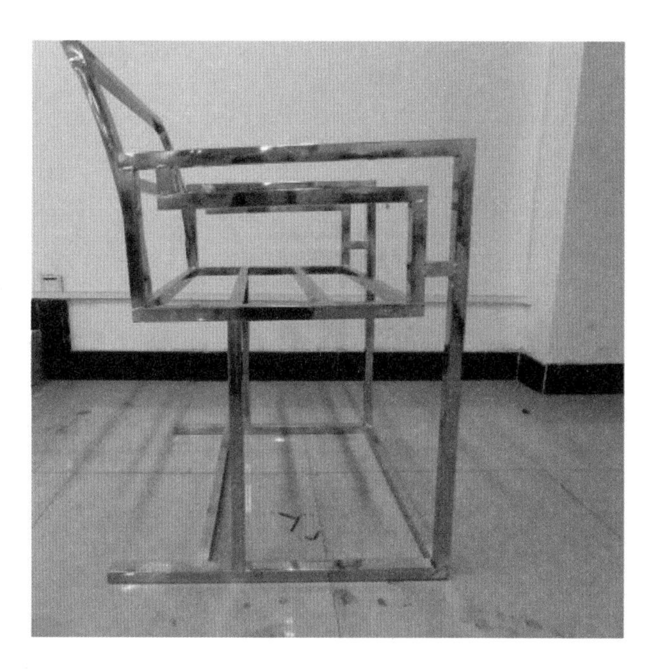

图 4-36　立面效果图（陆柳姣）

图 4-37　实物图（陆柳姣）

第五章　室内效果图的绘制技法

室内手绘效果图的表现涉及多个知识点，只有对前期的知识、技能、技法以及透视、色彩、明暗的表现都有所理解的情况下，才可以进入这一教学过程。室内效果图的表现从设计开始，没有好的设计构思，就没有好的设计方案，而没有好的设计方案，就没有好的设计图，最终效果图的表现自然难以令人满意。

一般而言，室内手绘效果图的表现步骤如下。

（1）手绘效果图的起稿要仔细斟酌构图，依据纸张的尺寸来确定绘图的形式和语言，使构图饱满、形式得体。一般可以先用铅笔起形，确定视平线、消失点、灭点等透视环节，然后具体刻画家具、绿植等（图 5-1）。

图 5-1　室内设计一点透视线描稿

（2）对于家具的刻画，前面章节已经简单讲述，但在实际绘画过程中，一定要依据透视学原理，将家具的刻画放置在画面的透视环境中（图 5-2 ～图 5-4）。

另外，在家具的绘制中，还要注意室内环境光对家具的影响。

图 5-2 室内设计效果图线稿表现

图 5-3 卧室一角

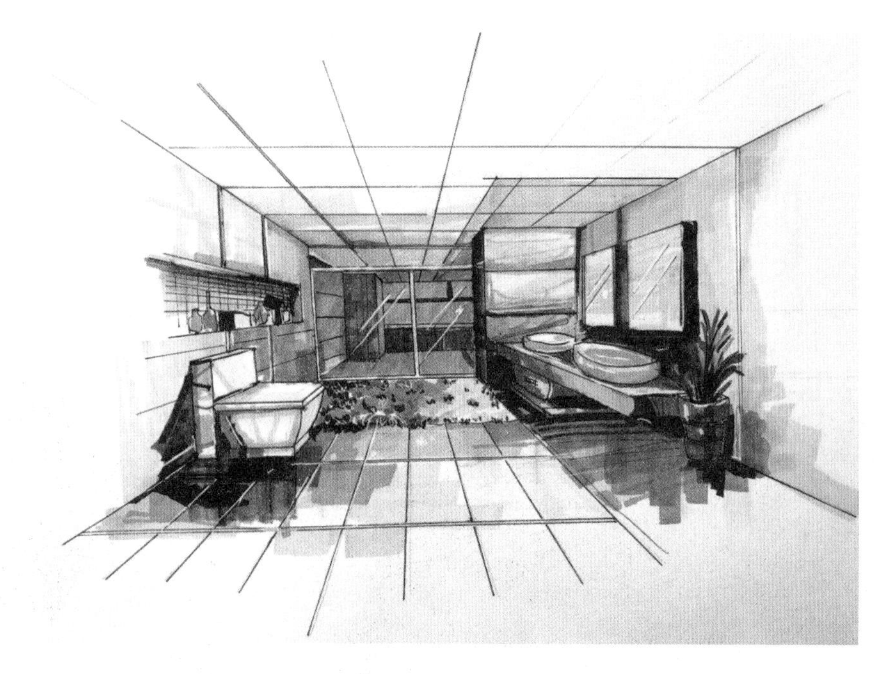

图 5-4　卫生间手绘效果图（龙文）

（3）注重效果图画面的色调。很多有艺术造诣的手绘作品都非常注重手绘效果图色调的表现，这是因为手绘作品只有有了较好的色调，才能更好地体现画面魅力，强化效果图的感染力（图 5-5 ～图 5-23）。

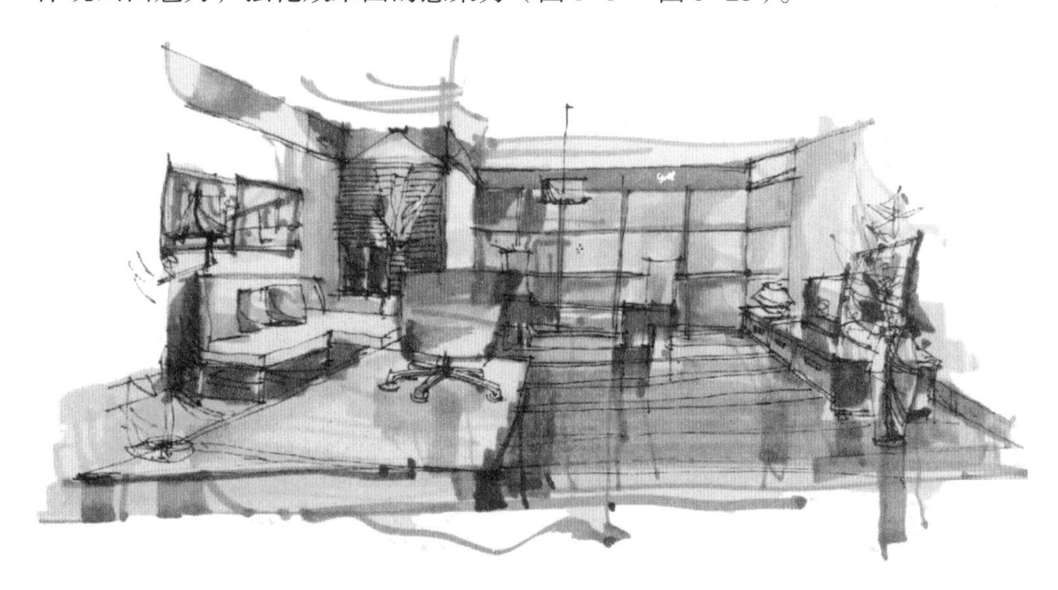

图 5-5　客厅手绘效果图（邓炜煜）

图 5-6 卧室手绘效果图一（陈丽丽）

图 5-7 卧室手绘效果图二（龙文）

图 5-8　卧室手绘效果图三（王贤）

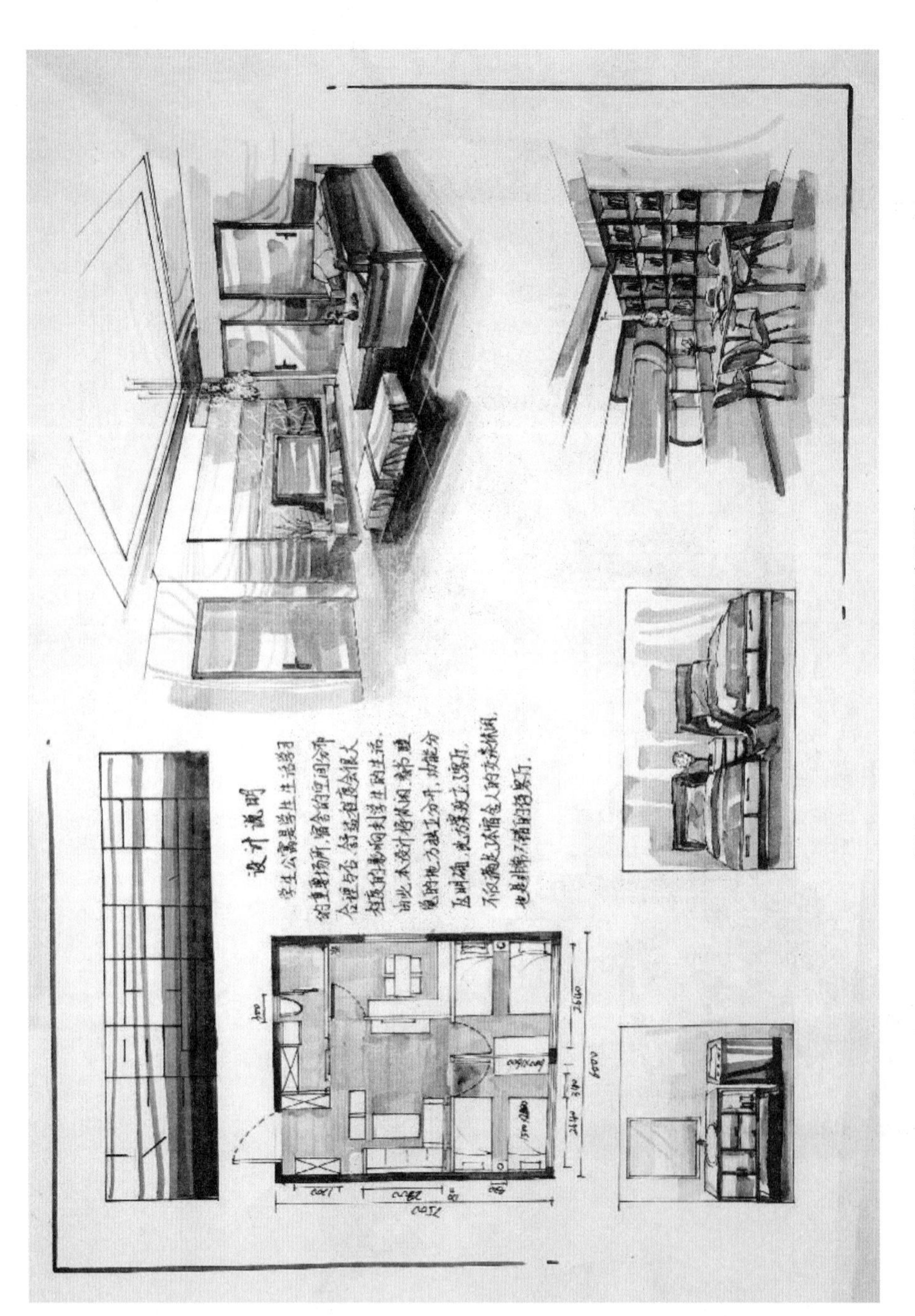

图 5-9 卧室手绘效果图四（陈媛）

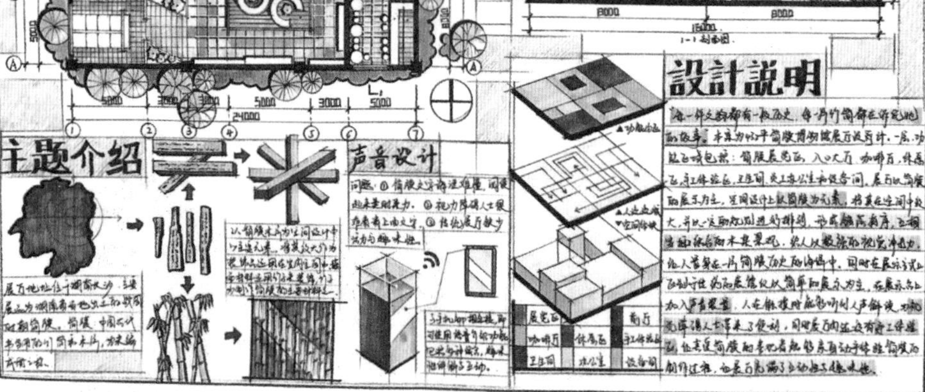

图 5-10　简牍展厅设计（张毅琳）

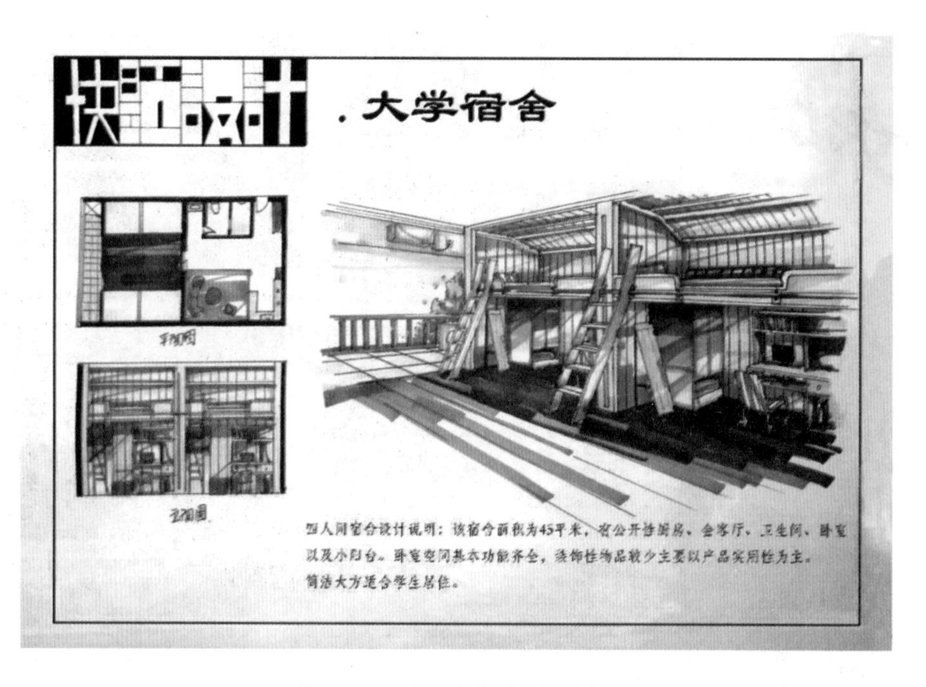

图 5-11　大学宿舍（杨钰珍）

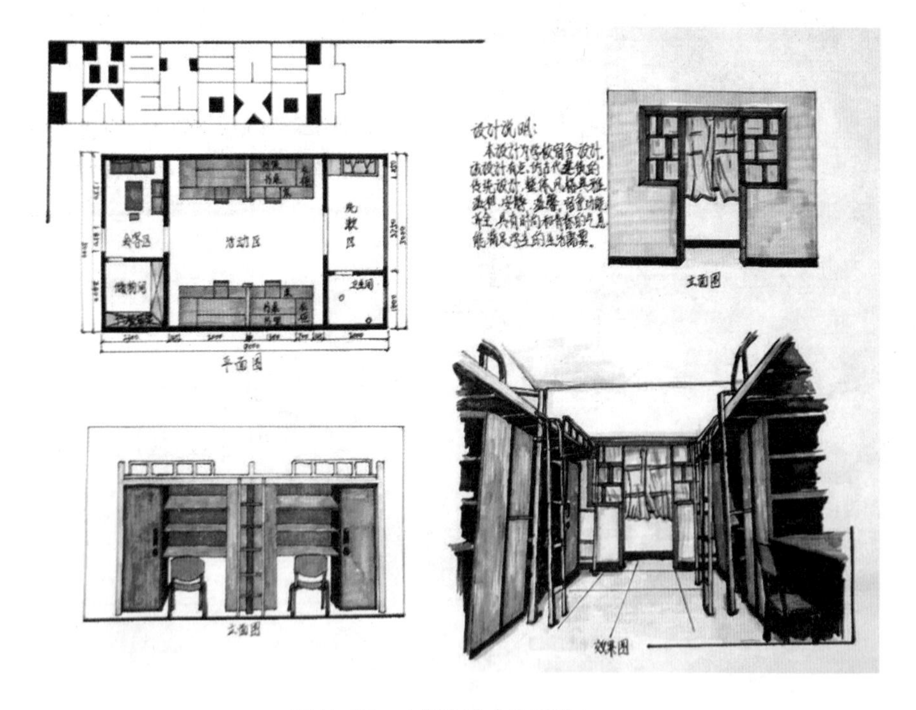

图 5-12　大学宿舍（许石春）

图 5-13　手绘作品一（张毅琳）

图 5-14　手绘作品二（张子亦）

图 5-15 手绘作品三（张毅琳）

图 5-16 快题设计一（余贵）

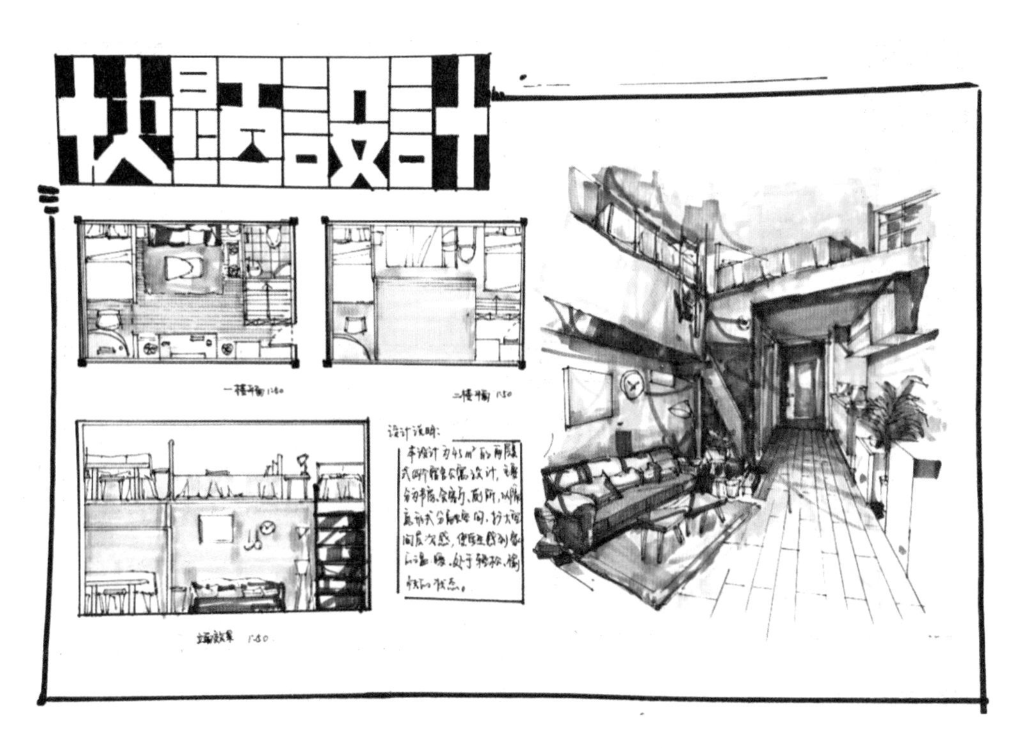

图 5-17　快题设计二（余贵）

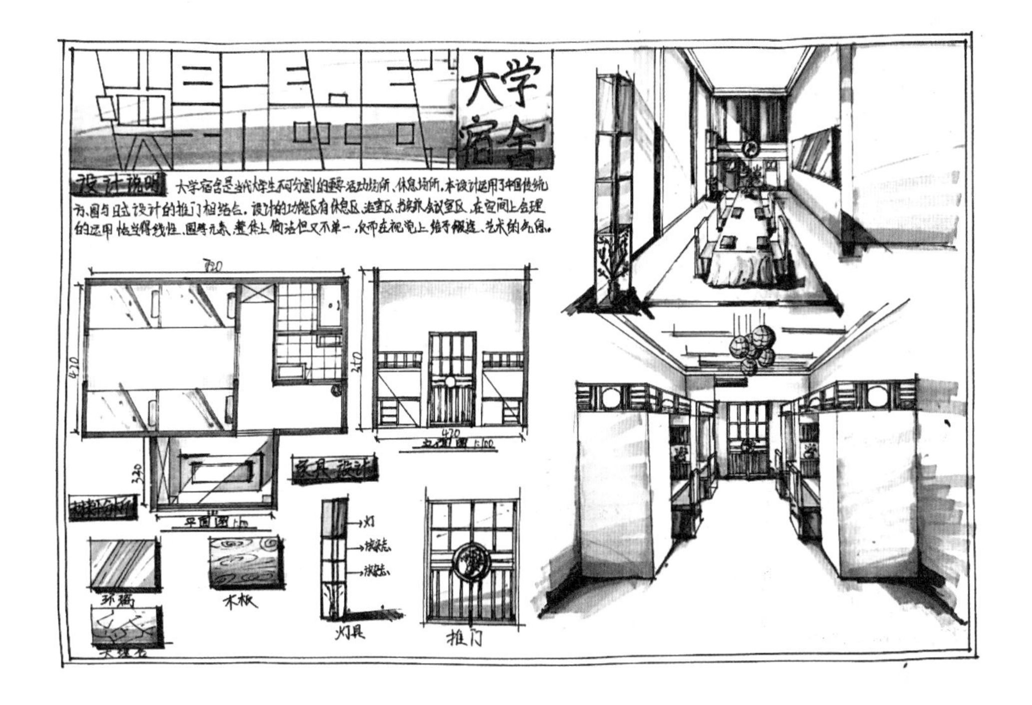

图 5-18　快题设计三（龙胜艳）

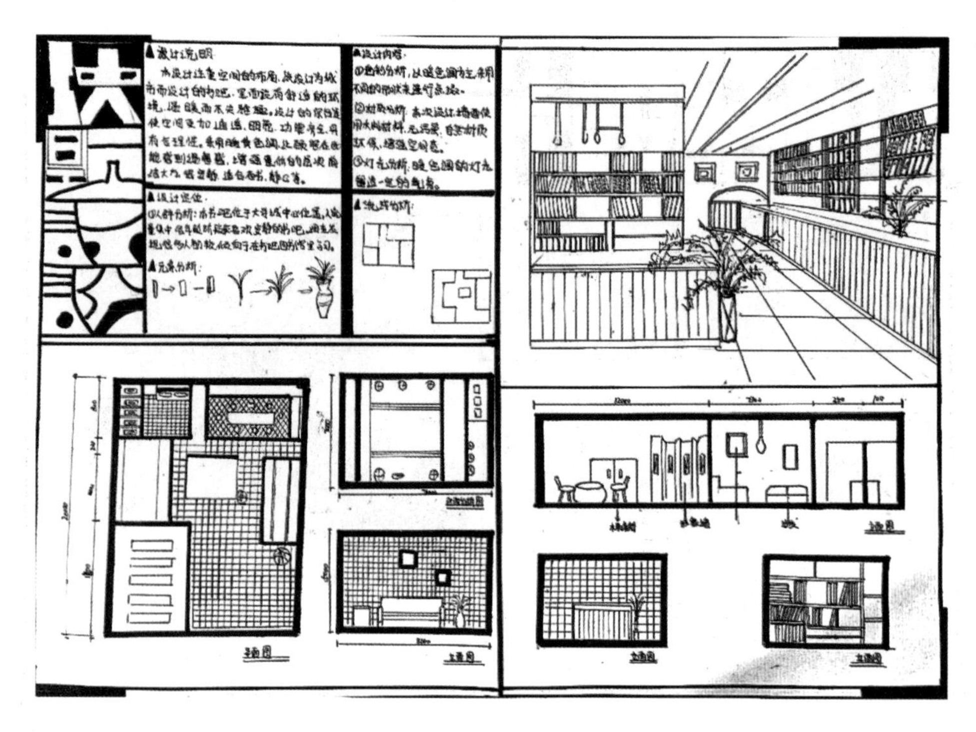

图 5-19 快题设计四（欧启雪）

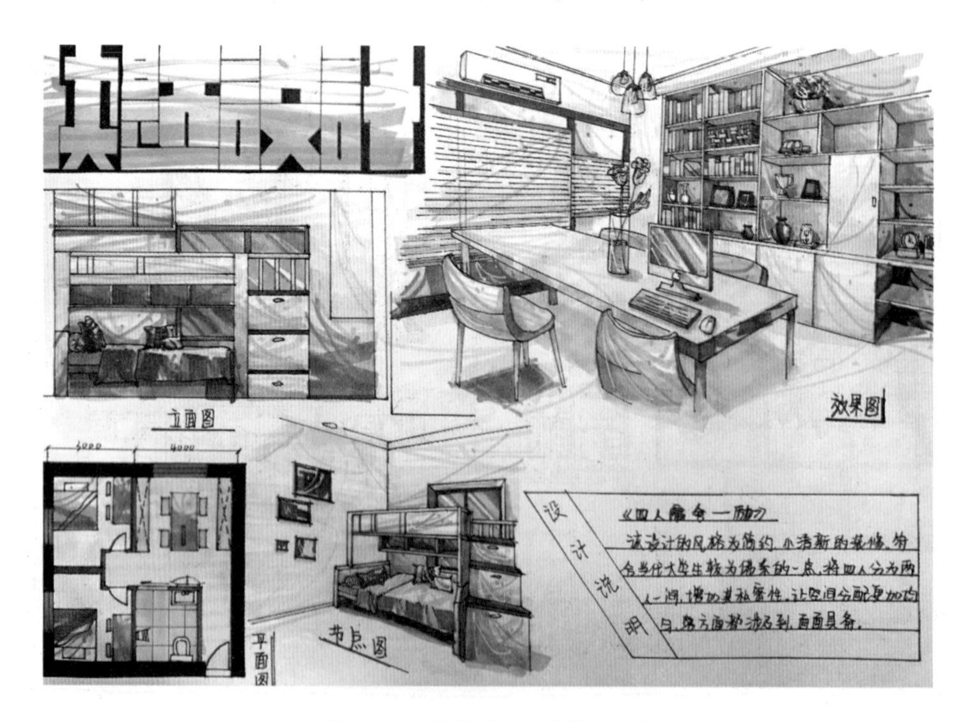

图 5-20 快题设计五（龙佳手）

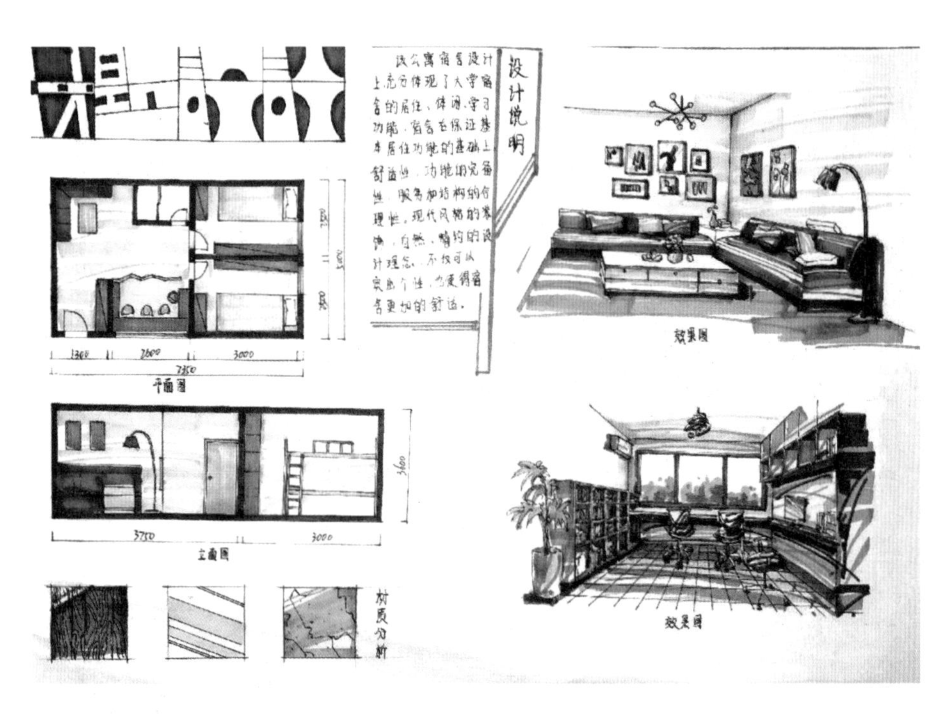

图 5-21　快题设计六（欧启雪）

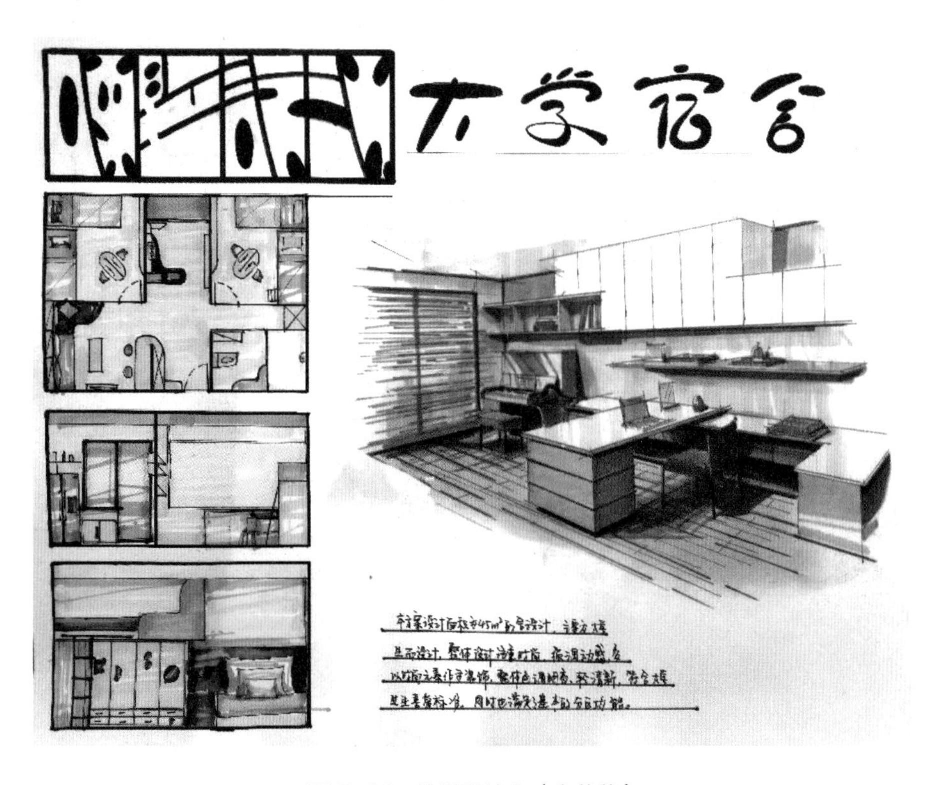

图 5-22　快题设计七（申莎莎）

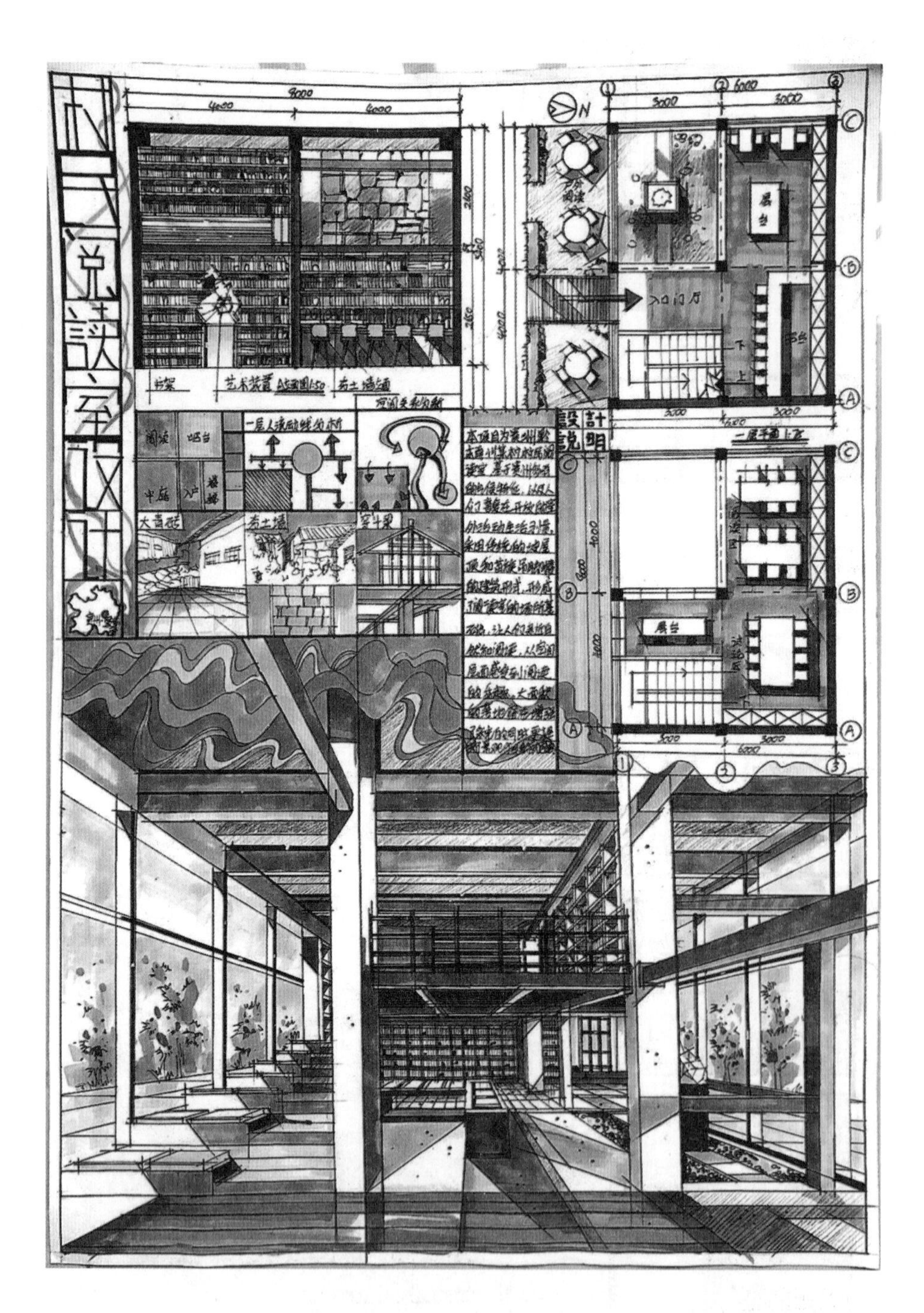

图 5-23 快题设计八（张毅琳）

第六章　景观设计中的效果图绘制

景观设计是环境设计专业的研究方向之一，而手绘可以对景观设计起到多种辅助作用。

一、景观设计过程中手绘的作用

首先，手绘过程可以更清晰地表达景观设计的理念。通过设计师准确的情感表达可以把景观设计中设计师的情感表现出来。在一定程度上说，手绘作品既是艺术品，又是设计过程的工具与载体。

其次，手绘作品能够更加准确地表达设计师的设计意图。手绘富有表现力的线条、具有感染力的色彩应用、准确的形体表达是手绘效果图优于电脑绘制效果的原因之一。

因此，在景观设计中，很多设计从业者都以手绘为第一工具，对设计方案进行完善。通过手绘草图的形式对具体的项目施工环节进行论证。

二、景观设计中植物的画法

（一）树的表现

在景观手绘效果图表现中，数量最多的就是树木的画法（图 6-1）。树木有非常多的种类，如乔木、灌木、阔叶植物、针叶植物等。如何画好这些植物，对于初学者来说难度比较大。这就要求初学者善于观察大自然，善于观摩优秀的手绘作品，同时在写生、创作中学会概括树木的生长姿态，将植物复杂的形体概括化，如此才能更好地掌握技法，在绘画实践中得心应手。

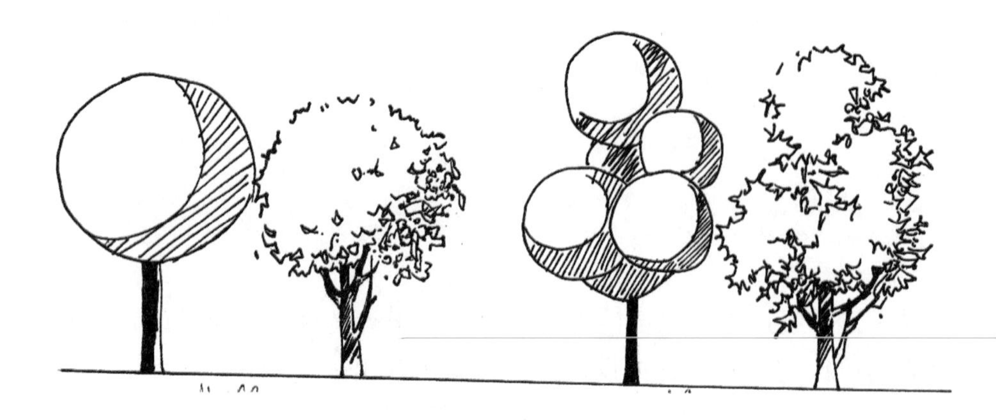

图 6-1 树的画法

（二）草的表现

草的表现要紧密结合草的生长姿态、草的样式，从单株草的描绘到丛状草的绘制，都有不同的绘画形式。在实际绘画中，初学者要对草的生长姿态进行提炼，做好概括化处理（图 6-2）。

图 6-2 草本植物的画法

三、景观平面图的绘制

在景观手绘效果图中，景观平面图是经常用到的，其主要描绘景观设计中景观设计的布局。

平面图中的绘制与立面图、效果图中的绘制是不一样的，平面图中的植物（图 6-3）、水、亭、楼、阁都有特定的表现形式。

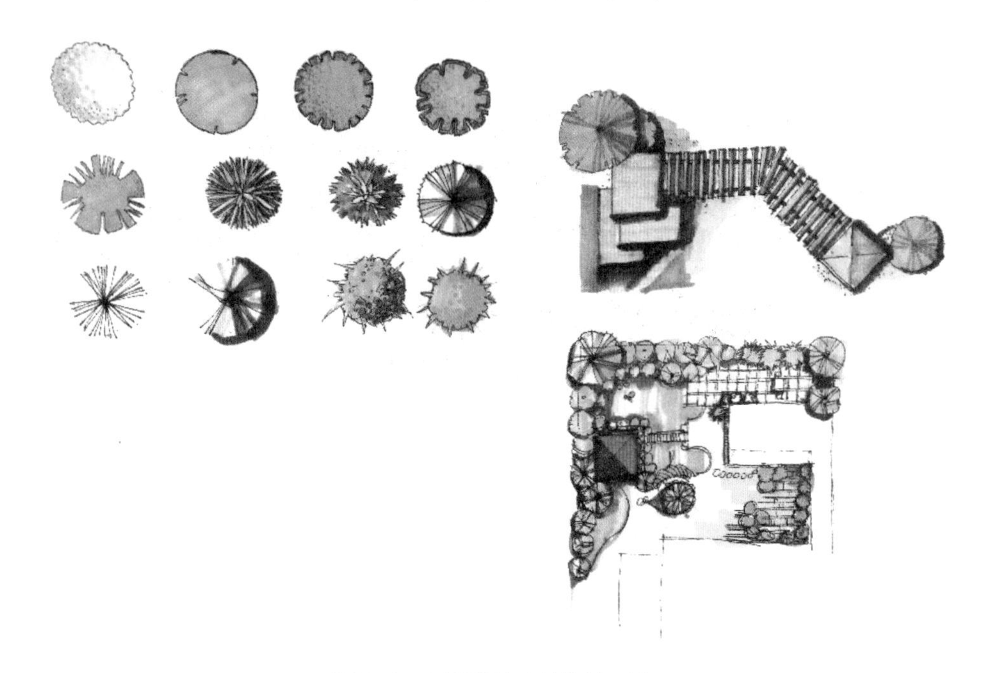

图 6-3　景观设计中植物的画法

四、景观设计中线描稿的绘制

景观设计中线描稿的绘制是手绘效果图表现的关键，一幅形体准确、比例合理、透视严谨的手绘线描稿是画好手绘图的关键。

景观手绘线描稿的绘制应注意以下几个方面。

（一）景观手绘效果图的准确性

景观手绘效果图表现的难点在于地面物体的透视角度特异、画面中物体穿插复杂，在实际绘制中要严格按照透视学原理画好相关的比例。

在景观手绘中，树木、草地、花卉等的刻画比较难。初学者要多加练习，多观察植物的生长姿态，绘画时要做到概括、提炼（图 6–4）。

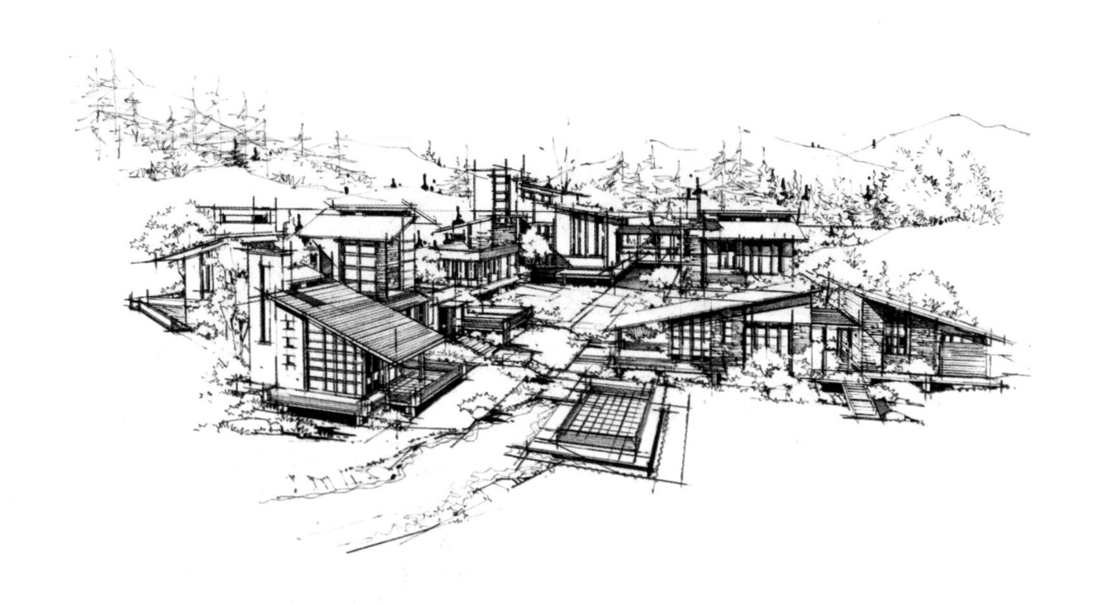

图 6–4 景观设计中的线描稿 何维荣

（二）景观手绘线描稿的艺术性表现

在景观设计中，手绘线描稿的绘制是一项比较严谨的工作。杰出的手绘工作者总是能够画出富有感染力和艺术表现力的线稿。可以说，线稿的感染力是设计作品本质艺术气质的流露，是线条对设计艺术最好的阐释。

五、景观手绘中的着色

在景观手绘中，植物、建筑的着色是比较难的，既要表现物体的固有色，又要兼顾画面整体的色调。马克笔易于表现色彩，却不好修改色彩，所以手绘效果图的表现对绘画者提出了更高的要求。

绘画者要按照一般规律，先从视觉中心上色，将色彩罩染并逐渐扩散到周边物体。这样可以保证画面最重要的部分在画面刚开始的阶段、视觉感受最敏锐的阶段画成功。

还有一种铺色是先从浅色物体部分着色，将画面有浅色的部分逐渐画完，接着逐渐深入色彩较深的部分，这样绘制的次序能够保障画面层次丰富，色层较为有序（图 6–5、图 6–6）。

图 6–5　草本植物的画法

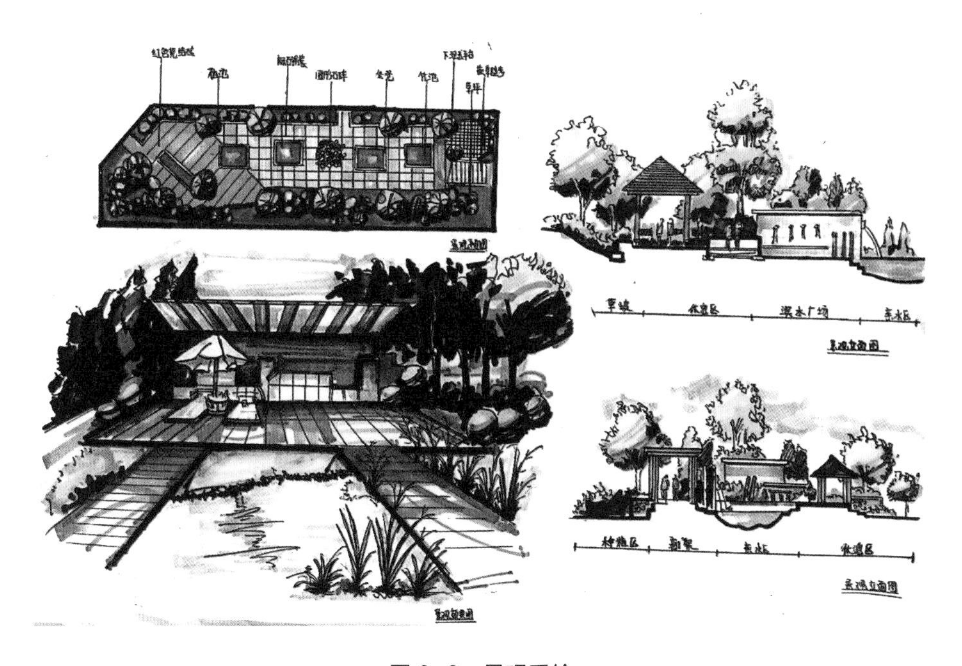

图 6–6　景观手绘

第七章　建筑手绘与自然景观手绘表现

第一节　建筑速写手绘表现

建筑手绘表现也是重要的知识板块。通过建筑速写的表现，学生可以提高观察自然、观察建筑、观察人居环境的深度。古人讲:“格物致知。”通过仔细观察、体会、绘制，能够对传统优秀的建筑形成更加深刻的认知。

建筑速写中有树木、草地、人物、房舍，通过认真练习能够整体提升学生的手绘表达能力，使学生对设计、美学、艺术有更加生动的认知。

建筑速写的步骤大致如下。

一、构图

画建筑速写必须注意构图，构图是节点建筑速写成功与否的关键。一般而言，构图多注重建筑速写视觉中心的表现，力图使其具有趣味感、主题性。手绘艺术比其他艺术形式更加注重构图艺术，注重画面的构成感和平衡关系。

二、线条

建筑速写场景有着各式各样的形态，有草地、建筑、房屋、山丘、河流、人物、马路等；从构成材质来看，有木材、土壤、水、水泥等多种材质。所以，在建筑速写中，线条要能够较好地表现这些材质，可以通过直线、曲线、波浪线等多种表现形式来刻画。这就要求绘画者要通过多加练习，总结前人的绘画经验，也可以通过临摹、欣赏、翻转描摹的形式加强记忆，感受不同的绘画表现技法。

三、色彩

建筑速写可以通过上色的方式来加强画面的感染力和色彩氛围。在建筑速写色彩绘制中，通过色彩的应用可以最大限度地丰富画面，表现建筑。建筑速写中色彩的应用要注重建筑材料的表现以及人物、树木的色彩。

四、空间

手绘表现注重形体空间的表现，可用色彩、透视、笔触、虚实等因素在画面中寻求变化。一般来说，因空间透视的原因，近处的色彩显得暖，比较鲜艳，远处的色彩比较冷，显得灰暗。

在透视环节，要严格依据一点透视或者二点透视的原理去认知空间。在绘画开始前，也要在空间的构成中考虑这个因素。近大远小的规律以及灭点准确性都要在绘画前考虑清楚。

笔触的应用也对画面的透视有重要影响，强烈的笔触是近景的常用笔触，比较弱的笔触是远景采用的笔触。通过笔触强弱的对比可以表现空间前后的透视效果（图 7–1）。

图 7–1　建筑手绘稿的线描稿

线描稿的绘制就十分注重构图。

构图是线描稿的第一步，多注重画面的饱满以及视觉中心的构建。

构图完成后应重视线描稿的绘制，注意线条对物体透视、阴影的表现，这是非常重要的一环。只有线描稿形体比例准确、艺术感染力强、透视准确，才具有更深切的感染力，打造场景的真实感。

下面的线描稿具有一定的艺术表现力、感染力，描绘的是敦煌石窟的一个角度（图 7–2）。因为敦煌石窟是一处世界文化遗址，所以在线描稿的绘画中，注重线描稿的写意性、抒情性是非常重要的。

图 7–2　敦煌石窟线描稿

下面的线描稿主要以写实为主，在刻画时抓住建筑特征，对植物等配景也做了比较细致的刻画（图 7–3）。

图 7-3 西方古建筑

下面手绘小景表现的是山区的一个小广场（图 7-4），用写意的笔触绘制了树木的轮廓和枯叶，用明暗关系刻画了房屋的结构。

图 7-4 小广场

下面的手绘建筑表现了一处少数民族的民宿（图 7–5），先仔细地用针管笔勾勒出建筑的轮廓，注重形体的比例、透视微妙的变化，在勾线时注重画面几何形态的构成感，然后用水彩颜料薄薄地罩染画面，形成丰富的层次变化。

图 7–5　民宿一

下面的作品依然采用了单线勾勒民宿形态，然后用水彩颜料罩染，画出了民宿的形态（图 7–6）。在画面构图中，绘画者注意了远山、中景的房屋与树木，近景色的树木和池塘，使画面比较有层次感。

图 7–6　民宿二

束河古镇是云南丽江古城附近的一处景点。在下面的手绘作品中，绘画者用马克笔生动地表现出古镇的优雅、河水的清澈、树木的苍翠以及游人的喧嚣（图 7–7）。

图 7–7 束河古镇

下司是贵州凯里附近的小镇，有着河运码头的历史，其建筑以干栏式吊脚楼居多。下图表现的是下司古镇附近一处干栏式民居（图 7–8）。

图 7–8 下司老房子

下面这处住宅表现的是西方一处古建筑（图 7-9），是用马克笔一气呵成画就的，画面注重色彩冷暖的表现以及马克笔自身材料的表现特性。

图 7-9 西方建筑

下图是用水彩笔创作的一处民宿的外观图（图 7-10）。稻草制作的房顶、木结构修建的房子立柱以及柱子制作的支撑体，展示了建筑的优美，具有浓郁的乡土气息。

图 7-10 民宿三

下面绘画中表现的是荔波县一处原始村落的民宿（图 7–11），画面用勾线笔仔细地勾勒出建筑的外轮廓，然后用水彩颜料罩染画面，对细节处仔细刻画。

图 7–11 民宿四

下图表现的是一处街景，画面用马克笔绘制，绘画中注重色彩冷暖的表现，注重马克笔的写意性，较好地表达了画面的气氛（图 7–12）。

图 7–12 街景

下面这张手绘表现的是一处古建筑（图 7-13），在古建筑的表现中十分注重色彩和冷暖的变化，描绘出浓郁的异域特征。

图 7-13　意大利古建筑

下图描写了丽江玉龙雪山下从山坡向下眺望湖泊的景色，树木的苍翠与清澈的湖泊协调相处，远处的房屋倒映在湖泊之中，景色显得非常清爽。本图绘制时以马克笔平铺的手段表现了山水之间的变化（图 7-14）。

图 7-14　丽江玉龙山脚下

下图表现的是威尼斯水城的景色，画面之中波光潋滟，小船游荡，呈现出商业城市——威尼斯的繁华（图 7–15）。

在艺术表现层面，本手绘作品用马克笔笔触奔放地表现了水波荡漾的景色，用光影表现了天空光照射在河流中的色彩冷暖变化。

图 7–15 威尼斯水城一

下图表现的是朗德古村中干栏式古建筑的式样，将古建筑的状态形象地以手绘的形式记录下来（图 7–16）。

图 7-16　朗德古村

下面这张手绘效果图表现了威尼斯水城河道的建筑立面，完美呈现了西方古建筑的特色（图 7-17）。

图 7-17　威尼斯水城二

第二节　自然景色写生

在效果图表现中，自然景观的写生是一个重点。毫不夸张地说，自然景观的写生是画好植物、山川等的重要途径，也是学生了解大自然的一种方式。

在写生中，学生要注重自然景观的构图，要在庞杂的自然景观中选择表现的重点，进行选择性构图，不能对大自然面面俱到地刻画，同时选择适合表现的角度，更好地表现自然之美。

写生时要选择完整的构图，构图要饱满、平衡、匀称，有一定的艺术感染力和独特的表现格调。下图描绘的是一处山村美景，画面对左右两部分景色有取舍与主观修饰（图 7–18）。

图 7–18　有人家的田野

自然景观写生是建筑速写的重要板块。每一位成熟的艺术家都有自己独特的绘画步骤以及独特的审美情趣。在自然景观写生的绘画步骤中，他们总是紧紧围绕手绘表达的目的进行创作。

一般而言，对于手绘初学者来讲，掌握一种有序可循、科学、稳定的作画步骤是掌握建筑速写的重要捷径。绘画时应先选择适合表现的角度进行构图与构思，在此基础上明确近景、中景、远景的布局，视觉中心的寻找、刻画以及对人物、细节等点缀物的描绘，然后完善画面。

一、选景

自然景观写生十分注重选景环节，创作时要找到画面感较好的突出主题性和艺术性。譬如绘制一幅表达乡村春天耕种的场景，就可以选择有耕牛、播种劳动的场景，表现主题为山村劳动场景与自然景色的协调相处。当然，选景需要有创新，好的选景会给人眼前一亮的新鲜感。

二、主题性

自然景观写生一定要有主题性。很多人认为自然景观写生表现只是一张速写或一张简笔画，这种认知是不对的。在自然景观写生中，充分表达主题主旨有一定的审美思想和艺术价值。譬如表现城市广场、街道时，可以从城市发展的历史以及人来人往、熙熙攘攘的景色上来表现城市正在发生的变化。这种对城市繁荣的感触与表现就是建筑速写表现的主题性。

三、构图

在自然景观写生表现中，具体的构图以及程式十分重要，要注重构图的形式美，注重内涵美，使画面平衡、优雅。构图有多种形式，每种构图的图式都有其独特的形式美，但要注意构图与画面内涵的统一。

四、自然景观的形式美

自然景观速写也需要形式语言，写意的自然景观手绘能够更加直接地表现作者自我的直观感受。比如，比较写实的手绘能够客观地表现自然景观之美。抽象、夸张的速写能够升华艺术品的感染力。

在选择绘画形式的时候，要注重建筑的美感、气质，同时要保证绘画语言和形式美相互统一、相互协调，才能够表现画面的魅力。譬如，刻画中国江南园林时，可以采用中国画的一些技法如夸张、写意等，如此绘画作品就更加有趣味感了。在表现街景、山川时，绘画者还可以利用写实主义手法展现自然之美。

五、建筑速写的景物点缀

在建筑速写环节，配景的表达十分关键，良好的配景表达能使画面更加生动、有趣。

六、水的表现

水有多种动态，江、河、湖、海中的水各不相同，每个季节的水也各有色泽与动态；长江的气势恢宏，小河中的幽婉清静，湖泊中的水楚楚动人，大海中的水磅礴深沉。

绘画时要注重绘画语言的表达，注重水本身动态的表达，对色彩、波浪以及日照在其上面的影响进行具体表现，如此会有较好的效果。在八舟河的水田的表现中，绘画者十分注重水的节奏、动态，利用马克笔易于快速表达的特性，对水进行表现，完美呈现了光线照射在水中产生的反光和倒影（图7-19）。

图 7-19　八舟河的水田

七、自然景观写生的写意性

自然景观写生具有多种艺术表达形式，其中利用写意的表达形式可以更好地表达作者的直观感受，让画面保持特有的艺术气息。在具体的表现中，应注意个人对描写景物的直观感受以及线条的节奏、构图的艺术性，同时结合线条的节奏感体现美的形式、美的意味。

下图十分注重表达拙政园的形态美（图 7-20）。拙政园作为中国苏州园林中的翘楚，历史悠久，寂静沧桑，其形态美中带有浓厚的江南文人气质。这一点也在这一幅画作中体现得淋漓尽致。

图 7-20 拙政园

在下图的表现中，河里的船的色彩以及水波荡漾的美感得以完美呈现（图7-21）。在创作中，绘画者以钢笔起稿，注重画面的形式语言，用笔奔放、豪爽，极具感染力，表现了水滨码头船舶交错、参差多样的热闹场景。

图 7-21、河里的船

城市广场这张画面的创作十分注重建筑物的形体、比例，利用马克笔色彩的透明、透亮的特性艺术化地表现了城市广场的一角（图 7–22）。

图 7–22　城市广场

下面的作品主要表现的是紫藤树的艺术形象（图 7–23）。绘画者利用抽象、解构艺术的方法来表现紫藤树的艺术特征，有效强化了画面感染力。

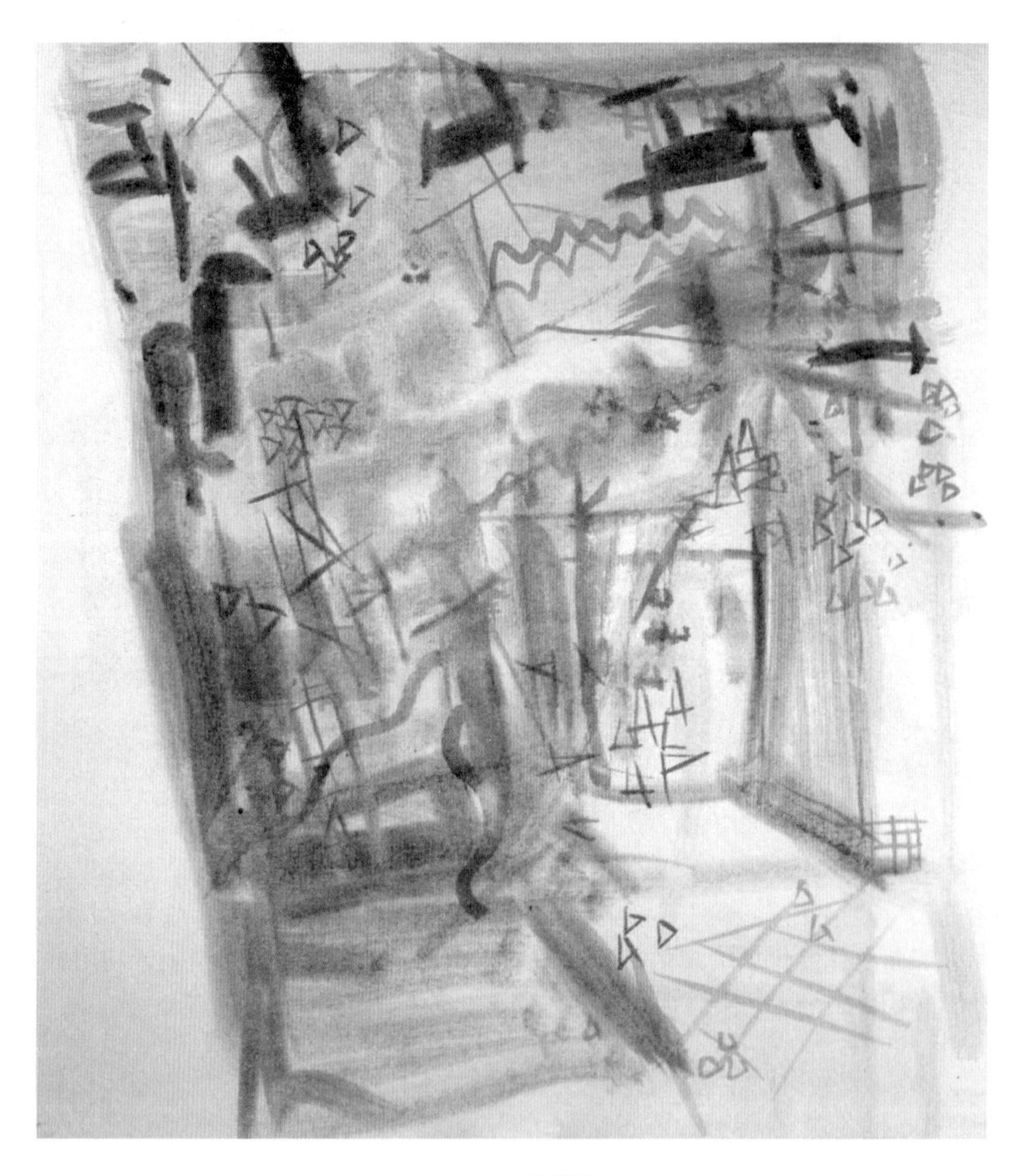

图 7-23 紫藤树

下图表现的是狮子林的美丽与优雅，独具中国式审美特点（图 7-24）。在手绘表现中，绘画者十分注重“物象”与“心理感受”的协调与统一，同时注重线条的表现魅力，将画面中的形体抽象、变型、重新解构，配合色彩的夸张、写意，突出表现了狮子林的优雅与空间的独特性。

图 7-24 狮子林春游图

下面的手绘作品表现的是拙政园的景色（图 7-25）。绘画者采用意象表达，结合中国山水画韵律和传统线描的形式，用水彩颜料一次性画成，以意象的表现手法表现拙政园的诗意和曼妙的“中国式”绘画情趣。

图 7-25 拙政园

下图采用写意的手法表现湖边水景、植物、房舍，利用马克笔的特性与笔触特性，以丰富的线条表现水景旁边优美的人居环境（图 7-26）。

图 7-26 湖边小屋

下图表现的是长城脚下的一处著名住宅，该绘画作品采用直接表现的手法，多种色彩灵活衔接，使画面一气呵成（图 7-27）。

图 7-27　山下的住宅

下图是一张水彩画，表现的是山村中一处道路两侧苍郁翠绿的树林的自然之美（图 7-28）。

图 7-28　山村道路

参考文献

[1] 陈敏 . 环艺设计效果图表现技法 [M]. 北京：中国民族摄影出版社，2012.
[2] 赵杰 . 室内设计手绘效果图表现 [M]. 沈阳：辽宁美术出版社，2014.
[3] 刘铁军，杨冬江，林洋 . 表现技法 [M]. 北京：中国建筑工业出版社，2008.
[4] 赵军，赵慧宁 . 设计透视入门 [M]. 南宁：广西美术出版社，2012.
[5] 宋立民 . 透视 · 制图 · 效果图 [M]. 合肥：安徽美术出版社，2010.